土木工程建设项目施工监理实务及作业手册

梁栋　谢平　周汉国　李柯志　牛东兴　著

西南交通大学出版社
·成　都·

内容简介

本书针对土木工程建设监理项目的投标、合同签订、实施、验收、缺陷责任期等阶段，从经营、行政、资金、人员、物资、生产、成本、内业、廉政建设、党群建设等方面入手，叙述了按照标准化流程办理的事项，规范了使用的文单表格和汇报流程，统一了项目管理模式，实现标准化工作程序，提升工作效率。本书还以高质量履行监理合同为目的，从团队建设、驻地建设、文化建设、廉政建设、党群建设，安全管理、质量管理、信用评价管理、物设管理、成本管理、人员管理、信息化管理的“五建七管”入手，量化了各项管理要求，对于监理项目的实施有较强的指导意义。

图书在版编目（CIP）数据

土木工程建设项目施工监理实务及作业手册 / 梁栋等著. —成都：西南交通大学出版社，2022.4

ISBN 978-7-5643-8660-3

Ⅰ. ①土… Ⅱ. ①梁… Ⅲ. ①土木工程－建筑施工－施工监理－手册 Ⅳ. ①TU712.2-62

中国版本图书馆 CIP 数据核字（2022）第 069933 号

Tumu Gongcheng Jianshe Xiangmu Shigong Jianli Shiwu ji Zuoye Shouce

土木工程建设项目施工监理实务及作业手册

梁 栋　谢 平　周汉国　李柯志　牛东兴 / 著

责任编辑 / 王同晓

封面设计 / 曹天擎

西南交通大学出版社出版发行

（四川省成都市金牛区二环路北一段 111 号西南交通大学创新大厦 21 楼　610031）

发行部电话：028-87600564　028-87600533

网址：http://www.xnjdcbs.com

印刷：成都蜀雅印务有限公司

成品尺寸　170 mm × 230 mm

印张　17　　字数　304 千

版次　2022 年 4 月第 1 版　　印次　2022 年 4 月第 1 次

书号　ISBN 978-7-5643-8660-3

定价　68.00 元

编委会

前　言

四川铁科建设监理有限公司围绕“改革创新、转换机制、提质增效”的总体部署，遵循“管理提升效率、经营增创效益”的核心理念，按照“管理制度化、制度流程化、流程信息化”的基本要求，修订完善了多项规章制度，优化、简化了管理流程，细化了工作措施，固化了管理体系，建立起有效执行和持续改进的长效机制，不断夯实企业管理工作，改进和提升管理精益化水平。

为促进各项目监理机构落实执行公司管理规定，增强项目各项工作效果，实现项目对业主标准化履约的目标，本公司总结提炼出了项目管理经验成果——《土木工程建设项目施工监理实务及作业手册》，一项创新性的研究课题成果。推广应用本手册将是四川铁科全面开展管理实验室主题活动的核心环节，能提升项目标准化履约能力，实现以项目管理促经营开发，对强化四川铁科核心竞争力，树立业界口碑具有重要意义。

本手册旨在从项目的投标、合同签订、实施、收尾、验收、缺陷责任期等各阶段，从经营、行政、资金、人员、物资、生产、成本、内业、廉政、党群等各方面入手，全面指导各项目按照公司标准化作业流程办理工作事项，规范使用文单表格，规范汇报申请流程，纠正多头、越级汇报问题，统一项目基础管理模式，实现标准化项目工作程序，提升工作效率。同时，本手册也是企业层面对项目的服务和指导，确定项目基础工作及责任，规范各项目工作的行为。

此外，本手册在建立以高质量履行监理合同为目的的同时，也提出以目标管理为核心的项目内部工作标准化指导意见，帮助、指导项目从包含项目团队建设、驻地建设、文化建设、廉政建设、党群建设，安全管理、质量管理、信用评价管理、物设管理、成本管理、人员管理、信息化管理的“五建七管”入手，提建议、举案例。本手册编制过程依据我公司总结的优秀项目管理经验，可作为项目骨干的“工作秘籍”，是全体项目人员的学习教材和参考资料。

目　录

下　册

本手册使用说明

本手册是为各项目在监理过程中，全面履行监理合同，实现管理目标，提升公司社会信用，而提供的业务指导、工作标准及工作内容提示。

项目骨干、各级监理人员、办公室人员应认真学习并研读本手册内容。各项目负责人须组织内部员工，按照岗位职责分工采取多种形式学习、讨论或演练，也可参照本册作业指导书形式，根据相关法律法规，进一步细化项目单位工程作业指导实施细则。项目骨干、各级监理人员、办公室人员须对照本册作业指导书内容，结合工作实际，不断完善工作方法，改进工作效果，提升履职能力。

在实施过程中如发现有疏漏之处，或有好的建议、意见，请及时反馈，以便不断完善和改进。

1. 适用范围

本手册适用于公司各监理项目机构。

2. 目的

2.1　按照《建设工程监理项目目标管理办法》的规定，指导、辅助项目通过规范监理工作行为，全面实现标准化履约目标。

2.2　细化项目管理目标的各项具体措施、流程、量化要求，举例说明，提供项目骨干参考、学习适合自身实际情况的工作方法与管理技术，帮助项目骨干增进个人履职能力。

3. 要求

3.1　本手册中的“基本工作要求”，除有特别说明外，项目均应努力达成，并不断总结出更高的工作标准和要求。

3.2　各项目可结合自身合同要求、专业特点、建设方要求等，对各项工作做进一步的细化和分解，但不能低于本册指导书的工作要求，确保项目目标的实现。

3.3　各项目须严格落实总监负责制、逐级负责制，项目总监应每月对照本手册的内容及要求，对项目目标过程控制情况进行自查并落实整改，并留存自查资料。

3.4　本手册的相关内容及要求纳入公司季度业绩信誉评价。由公司安全生产部结合《建设工程监理项目目标管理办法》《项目业绩信誉评价办法》等办法组织实施，其他部门应予以配合。

3.5　公司项目管理组织体系及各部门工作职责，按照公司《建设工程监理项目目标管理办法》第九条及现行部门职责执行。

3.6　各项目对本手册执行过程中的意见或建议，应向公司综合办公室书面报告，由综合办公室收集汇总，报公司领导及相关部门组织研究。研究结论由综合办公室或相关部门向项目部反馈。

3.7　本手册编委会应结合执行过程中的反馈意见、公司制度办法的修订等进行完善，原则应每年进行更新。

4. 注意事项

本手册结合公司实际编制，重在对公司各项要求进行提示和明确，同时，各项目要加强法律法规、规范验标等的学习，并结合建设单位的办法规定一并贯彻落实。

上　册

一、项目团队建设

（一）工作目标

努力打造一支“严肃活泼，作风优良，纪律严明，素质过硬，团结奋进，求真务实，高效精干，争先创优”的监理团队。

（二）基本工作要求

序号	基本工作要求	量（细）化要求	参照格式
1	1. 选择跟公司理念相同的监理人员组建团队； 2. 项目要将最恰当的人放在最恰当的位置； 3. 团队成员分工要“扬其长、避其短”； 4. 建立金字塔形梯队	严格项目监理人员管理： 1. 为避免人员来项目后不适或过于频繁更换，在公司调派或项目引进安排的人员来工地之前，总监应将项目情况、业主要求、办公环境、生活环境及基本要求等基本情况告知和进行交底，并了解新人员的年龄、专业及工作经历等，有个初步判断。这是为了双方都有心理准备，避免出现刚来就不适应或不安心等状况。 2. 总监对监理人员亲自把关、严格审查，项目建立人员信息台账，针对人员的不同特点采取不同的管理策略：人品好、能力强的，是“千里马”，要重点培养；人品好但能力一般的要加强培养；团队中存在心术不正、道德低下、作风不良、无责任心、无集体荣誉感，品行特别差的，或具有负能量的人对项目建设尤为不利，总监应将具体情况报公司人力部，建立企业、项目的黑名单制度。 3. 项目建立完善的人才推荐制度，鼓励项目人员向项目及公司推荐引进优秀监理人才，纳入培养计划	

续表

序号	基本工作要求	量（细）化要求	参照格式
2	总监做好项目监理团队建设的“领头羊”	1. 总监班子要有责任心，勇于承担责任，绝不争功诿过。 2. 需要有包容心、有耐心、不浮躁，允许下面监理人员犯错，不轻易责备人，但要严格要求人员的职业道德，约束监理人员的行为。 3. 保持平常心。特别是在自己有错时，要坦然承认错误并接受批评。 4. 以身作则，尊重关心。在劳动纪律方面，要以身作则，认真遵守公司的规章制度；在廉政建设方面，要严于律己，不能没有原则、没有底线；在对待工作方面，要认真、负责，有责任感	
3	培养项目团队向心力、凝聚力	1. 加强大局意识，充分调动和发挥每个人的最大潜力，发挥团体最强的“战斗力”。 2. 严格项目管理，项目工作要分工明确，不留死角，随时查漏补缺。 3. 加强与监理人员的沟通，及时听取下级人员的汇报，带领大家一同克服困难。 4. 多支持关心项目监理人员的工作和生活	
4	建立团队意识	加强项目内部信息沟通和工作信息反馈渠道，项目部、分站（组）、试验室、安质部、工程部、测量组、盾构组等通过每周召开的“周会”、每月召开的“月会”、不定期交心谈心等方式，通过座谈会等形式把内部问题及时协调解决、不能让问题变成矛盾	
5	项目进场组建明确分工，协作配合	1. 要本着“各负其责、各尽其能、量才适用”的原则。对项目监理机构各个成员要根据其个人专长进行安排，做到人尽其才。人员的搭配应注意能力互补和“传、帮、带”相结合，人员配置应尽可能少而精，防止力不胜任或忙闲不均，同时要避免现场部分质量、安全隐患无人监督的现象。	

续表

序号	基本工作要求	量（细）化要求	参照格式
5	项目进场组建明确分工，协作配合	2. 细化岗位任职资格标准,建立监理人员轮岗、晋升和淘汰机制,全方位持续动态地优化人员配置,尽可能保证合适的人在合适的岗位做合适的事。 3. 项目部是一个团体，分工不等同分家，要求监理人员紧密配合、协作： （1）同事请假、休假，其他人员立即补位顶岗； （2）业主或施工方来找，其他人及时响应并联系	
6	项目部组建后，总监要尽快牵头“建章立制”	1. 总监理工程师应确立“以制度管人”的理念。 2. 一套科学、合理、行之有效的规章制度，可以使团队高度凝聚。项目团队必须打破“人管人”的习惯模式，实行“以制度管人”的科学模式；总监理工程师要把领导工作从“琢磨人”转向“琢磨、检查和落实制度”上来。 3. 建立健全项目监理机构的制度体系： （1）内控制度： ①对监理公司负责的制度：总监负责制，项目核算制，请示报告制，整改回复制，监理周报制，施工方案、措施集中审查制，重大检查活动内外业迎检工作制，年度总结制，项目监理工作总结制，竣工总结制，监理工作考核制等。 ②对项目监理机构监理员工规范行为的制度：办公室管理制度，学习培训制，会议（周会、月会、年会）制度，作息时间规定，廉洁从业制，文档管理制，工作交接制，流程管理制，资产管理制，车辆管理制度，监理日（志）记、内业资料检查制度等。	

续表

序号	基本工作要求	量（细）化要求	参照格式
6	项目部组建后，总监要尽快牵头“建章立制”	（2）外控制度： ①对业主单位提供服务的制度：监理月报、季报、年报制，专题报告制，沟通协商制，满意度调查制，决策建议制等。 ②对施工单位监督管理的制度：巡视检查制，旁站监理制，工地例会制，组织协调制，质量验收制，竣工验收制，进度计划制，图纸会审制，开工审批制，施工组织设计审批制，建筑材料、设备检验制，工程变更制，工程计量支付审批制，资料管理制等涉及质量、安全、投资、进度、合同管理、信息管理等方面的制度。 4. 制度建设重在落实、贵在坚持，实行“规章上墙、制度公开”。一是公正透明，制度大家订大家遵守，人人看得到，利于对照检查、相互监督。二是警示提醒，自觉性强的人遵守制度并不难；而实行“制度公开”营造的制度环境、制度压力，对自律意识差的人来说无异于“紧箍咒”。三是方便外部监督，上级公司、业主单位和舆论的监督，也是一股无形的压力。 5. 坚持制度关键在总监，总监要身体力行地、模范地遵守制度。首先是素质教育，不断增强监理人员的制度意识和遵守制度的自觉性；其次是制度检查要常态化，同时对于投机取巧绕过制度、逃避制度的人和事，要抓住典型严肃处理，不迁就、不能“下不为例”	
7	强化标准化的管理模式	1. 项目监理人员管理标准化： （1）项目进场及时定编、定岗，明确分工和岗位职责。 （2）制订培训学习计划，对陆续进场监理人员一周内开展岗前业务技术培训考试和廉政教育培训，留存培训影像资料建立台账。	

续表

序号	基本工作要求	量（细）化要求	参照格式
7	强化标准化的管理模式	（3）原则上进场后1个月内完成监理制度建设、监理规划编制、监理实施细则编制等工作。（如业主有明确时间要求则以业主要求为准） （4）组织全项目人员进行或分专业组织专门技术人员进行交底或培训，并留存相关记录，确保各级、各专业监理人员能够熟练掌握规划和细则内容，提升监理人员业务素质、工作能力，避免出现规划、细则“压箱底”，无法起到应有的指导作用。 2. 公司企业形象标准化管理： （1）在施工现场明显的地方，要有四川铁科建设监理有限公司形象宣传牌和项目特色文化栏。项目监理人员到现场要统一标准化着装并挂牌上岗。 （2）项目监理办公室标准化布置，上墙图牌应按公司要求进行布置，包括：岗位职责、进度控制、质量控制、组织机构、工作流程等图表。 （3）档案资料管理制度化：项目部资料管理要实行“SS制”，即工程资料实行“谁主管谁审查”“谁检查谁记录”“谁验收谁签字”“谁处理谁负责”“谁旁站谁完善”的原则，总监理工程师亲自全面地抓资料工作，对项目资料完整性、真实性进行把关，并指定专人具体负责。 （4）监理文明用语统一化：要求监理人员在监理工作中使用文明用语、礼貌待人、以理服人、以情感人，避免简单粗暴。这有利于减少、消除人际冲突和沟通障碍，拉近与施工单位的距离，更好地贯彻落实监理意图，达到对施工方既坚持原则又和谐相处的目的。 （5）监理工作范本标准化。进场及时结合项目特点编制项目文化手册和监理工作小册子，如：监理规划、监理实施细则、旁站监理实施细则。具有指导现场监理工作的文件应严格按监理规范的要求进行编制。	

续表

序号	基本工作要求	量（细）化要求	参照格式
7	强化标准化的管理模式	（6）检查方法规范化： ①巡视检查：项目应制订巡检内容及频率。每次巡视检查前，必须明确巡检重点是安全质量重点内容及关键工序，参照具体的技术规程和设计进行预习，做好完全的准备之后开始展开巡视检查。 ②平行检查：要有针对性、目的性和选择性地抽查质量较差位置或者施工难度较大位置，如果较差区域的检查数据能够符合要求，那么其他区域同样可以认为是符合要求的。 ③旁站检查：旁站检查并不是简单的“旁站”，重要目的是跟踪检查重要施工环节中的行为和异常情况，做好检查过程的影像资料，如混凝浇筑就应按照规定检查配合比、坍落度等重要数据。 3. 文件处理规范化。 （1）各类文件的收发时间须如实填写； （2）各类文件审批意见的格式和规范性用语进行统一，避免个人随意用语中的缺陷导致承包商和建设单位的误解	
8	奖惩分明，时刻警惕害群之马，建立问责制度、绩效考核和淘汰制度	1. 公司靠制度管人，而不是“人管人”，有利于团队的建设。 2. 在工作的过程中，应该采取对事不对人的原则，无论是谁都不应该有特权，有了贡献就应该奖励，而犯了错误就应该惩罚，奖惩分明、人人平等。 3. 项目总监及副总监都要及时了解每个成员的工作动态和工作成果，对于工作立场错位、敷衍马虎、心不在焉、消极懈怠、玩忽职守、效率低下、作风不良、不思进取的人一律淘汰，此类人留着不但自身的工作不称职，还会影响到团队中的其他人，造成负面效应，必须及早发现、及早辞退，净化监理团队环境	

续表

序号	基本工作要求	量（细）化要求	参照格式
9	开展多种形式的团队活动、增进友谊、加深感情	项目监理机构适时地开展一些集体活动：如半年1次召开民主生活会，半年组织1次项目团建活动，1年1次廉洁警示教育参观活动，每个季度组织1次亮点工程观摩学习活动，首件工程评估会，半年1次技术难题研讨会，每个季度组织1次小规模文体竞赛活动，每个季度安全质量管理竞赛评比活动（现场管理或内业资料管理），6月安全生产月活动，年会食堂聚餐等	
10	团队工作的阶段性调整	既要保持团队成员及分工的稳定性，又要考虑不同阶段的动态调整，提高工作效率。原则上尽量保持原岗位职责不变，但根据项目建点、施工准备期、施工高峰期、多专业交叉的工作运行情况，适当对监理人员岗位调整，以达到监理工作与工程进展的同步性和适应性，做到人尽其才	
11	项目形成特色文化	1. 凭团队风貌获得业主认可的良好监理队伍。 （1）项目机构进场验收及接受业主等上级的各种检查，必须做好充分的迎检工作。 （2）迎检时，所有监理人员应统一着装、佩戴，并保持良好的精气神。 （3）办公室及驻地、厕所、厨房、寝室等场所必须整洁卫生。 （4）迎检前有明确分工及部署，逐条对照落实。 （5）迎检时准备好汇报工作的 PPT 和对应的纸质版本，给检查方留下正规、专业的项目管理印象。 （6）总监每月1次主动到业主分管安全质量领导和安质部领导处汇报监理工作及下步工作设想。 2. 项目必须做好所有后勤服务工作	

（三）相关参照模板：无。

二、驻地建设

（一）工作目标

按照建设单位及公司的时间节点、建设标准完成项目建点工作，一次性通过建设单位验收；工作程序符合公司规定；监理试验室一次性通过建设单位验收。

（二）基本工作要求

序号	类别	基本工作要求	量（细）化要求	参照格式
1	选址要求	1. 监理项目部采用租赁房屋或自建活动板房相结合的方式，优先选择能够形成封闭的院落。 2. 监理项目部应尽量位于标段中央位置，能尽可能满足距离线路近、交通便利、满足办公生活需要、性价比高等有利因素，并考虑与施工单位及业主的距离。铁路监理项目选址应充分考虑试验室建设需求，试验室面积在 200 m^2 左右。 3. 开展项目选址工作前要充分了解业主要求，并在选址过程中就有关问题充分与业主保持沟通，须在房屋租赁合同签订前就驻地建设选址等问题取得业主安质部长及监理分管领导的同意。 4. 驻地租房选择不仅要考虑项目部形象、经济性，同时还要综合考虑房东、押金（尽量不交，难以收回）、改造工程量、是否利于项目末期缩减规模、租金发票开具难易程度等因素。 5. 租房期限应充分考虑项目实际情况后确定，但不能超过合同期限。 6. 房屋租金付款周期应为年付	项目负责人根据交底资料及公司要求在5天内向公司安全生产部上报3个或3个以上项目选址方案，选址方案包括但不限于以下内容：工程线路图及拟选方案相对位置、房屋面积、房租年租金、租金付款周期、房屋基本情况（装修情况、生活设施配置情况、交通情况、所处环境、优缺点等）、试验室建设条件、房屋改造量及预估费用、分站建设规划等	附件 2.1

续表

序号	类别	基本工作要求	量（细）化要求	参照格式
2	规划建议	1. 项目总监单独办公，其余人员均集中办公；若达不到集中办公室条件，也可分散办公，但除总监外其余人员不得有独立办公室。办公室大小可按监理工作高峰期人数×（6~8）m^2 规划。原则上单独设置一间档案室。 2. 会议室根据项目大小以能容纳20~40人同时开会为宜。 3. 在条件允许的情况下，生活区与办公区尽量分开；可设置员工休息活动室，并做党建文化宣传使用。 4. 生活用房除项目总监外，其余监理人员2人1间。 5. 根据项目部人数设立食堂统一就餐，有条件的可设置包间。 6. 铁路监理项目的项目选址应充分考虑试验室建设需求，试验室须按照《铁路建设项目工程试验室管理标准》的要求，设置土工室、力学室、砼室、养护室、集料室、胶凝室、化学室、砼耐久室、样品室、办公室及资料室。（合同有明确要求的除外）	项目按照购置指导意见开展驻地建设，15天内达到办公住宿条件（可根据业主要求有关进度提前或者延后）	附件2.2
3	试验设备	铁路项目试验室设备，项目根据工程具体情况（隧道、路基、桥梁试验需求）拟定需求计划报公司安全生产部。安全生产部根据现有设备情况决定购置或者调配；若需新购设备，则由项目进行询价，并报公司审批	确定项目驻地后7天内上报设备需求计划	附件2.3
4	母体授权	试验室母体授权需向公司进行申请，经公司批准后选择母体试验室。项目根据《铁路建设项目工程试验室管理标准》及业主的相关规定，及时拟定并报送试验室验收申请	验收资料提前筹划，达到验收条件后应立即申请验收；项目应在建设单位要求的时限内达到验收条件，并申请验收	

续表

序号	类别	基本工作要求	量（细）化要求	参照格式
5	标识标牌	项目负责人在完成选址工作后，立即组织前期人员进场，并做好人员的分工，在驻地硬件设施建设的同时，同步进行监理站上墙资料、标识标牌、制度建设等有关工作；项目要做好公司宣传工作，通过宣传栏、标语等展示公司形象。如果监理项目管段内施工单位有中国中铁单位，则采用“四川铁科”标识，其他情况按《中国中铁企业文化手册》要求使用“中国中铁”标识；如果业主有标准化管理手册，项目监理机构制作标识标牌需首先满足业主有关规定	确定项目驻地后，15天内完成标识标牌等上墙资料；30天内完成监理规划、监理细则及内部制度建设	附件 2.4
6	委外试验	项目开展委外试验需拟定委外试验计划及费用预算，向三家委外检测单位（相关资质及备案情况须依照建设单位要求）进行比选后向公司安全生产部提出申请；申请经过批复同意后由公司组织签订合同	—	—

（三）相关参照模板

附件 2.1：项目选址方案

附件 2.2：日常办公用品、物资设备购置指导清单

附件 2.3：铁路项目中心试验室配置设备参考

附件 2.4：宣传栏（参考）

附件 2.1

项　目

选址方案

项目监理站

年　　月　　日

一、项目概况与招标文件要求

(一) 业主：

(二) 项目名称及标段号：

(三) 线路长度：

(四) 合同价格：

(五) 合同要素：

1. 总监：

2. 工期：

3. 服务范围：标段范围内全部工程。

4. 服务期限：从开工之日起至缺陷责任期满。

5. 工程地点：

(六) 组织机构要求：

（例）项目监理机构由监理项目部、中心试验室、综合部、站前组（分站）、站后组（分站）组成。其中：（1）现场设置独立核算的监理项目部，并由总监理工程师负责，配置专职财务人员，监理项目部下设中心试验室、综合部；（2）共设置监理组（分站）2 个，分别为 1 个站前监理组（分站），1 个站后监理组（分站）。

监理机构人员配备共_______人。

(七) 办公试验设备要求：

(八) 项目主要工程内容及项目重难点：

（九）线路图：

（注：在电子地图上标注线路，并标注备选方案位置）

二、备选方案

（一）备选方案一：

1. 总体照片及内部情况：

2. 地址：

3. 概况：备选方案总体情况、设施及装修情况、交通情况、优缺点、房屋面积、租金……

（二）备选方案二：

（三）备选方案三：

三、项目部建议采用方案及与业主沟通情况

附件 2.2

日常办公用品、物资设备购置指导清单

序号	名称	规格型号	单价/元	备注
一	办公设备			
1	电脑			
(1)	笔记本电脑	选购性价比高并方便维修的品牌电脑	3 500	
(2)	台式电脑	选购性价比高并方便维修的品牌电脑	3 000	
2	打印机			
(1)	彩色打印机	惠普（HP）Pro MFP M177fw 彩色激光一体机或类似机型	4 000	
(2)	打印、复印一体机	惠普（HP）LaserJet Pro M202dw 激光打印机或类似机型	1 900	
3	影像设备			
(1)	数码照相机	佳能（Canon）IXUS 175 数码相机或类似机型	1 000	
(2)	投影仪	明基（BenQ）MS3081+商务办公投影机或类似机型	2 200	
4	储存介质			
(1)	U 盘	闪迪（SanDisk）酷晶（CZ71）8G 金属迷你	37.9	
(2)	U 盘	闪迪（SanDisk）酷豆（CZ33）16GB	39.9	
(3)	U 盘	闪迪（SanDisk）酷悠（CZ600）32GB	56.9	
(4)	U 盘	台电（Teclast）锋芒 U 盘 64G USB3.0 深空灰	79.9	
(5)	移动硬盘	1T，希捷 USB3.0 2.5 英寸	349	
二	文具耗材			
1	打印/复印纸			
(1)	A4 打印纸	新绿天章 A4 70g 复印纸 500 张/包 8 包/箱	178	
(2)	B5 打印纸	新绿天章 B5（182 mm×257 mm）70g 复印纸 500 张/包 10 包/箱	212	
(3)	A3 打印纸	新绿天章 A3 70g 复印纸 500 张/包 5 包/箱	249	
2	软/硬抄			
(1)	笔记本	大，齐心（COMIX）A5	16	
(2)	随手笔记本	小，广博（GuangBo）10 本装	12	

续表

序号	名称	规格型号	单价/元	备注
3	笔具			
(1)	记号笔	得力(deli)双头多用标记醒目荧光笔 水性记号笔 6 支/卡	10	
(2)	中性笔	齐心(Comix)GP6600 12 支 0.5 mm	15	
(3)	中性笔	乐忆中性笔碳素 0.5 mm 黑按动 24 支	38	
(4)	中性笔替芯	乐忆中性笔碳素 0.5 mm 黑按动适配笔芯 G-5 黑色 20 支	25	
(5)	中性笔替芯	齐心(COMIX)20 支装	15	
(6)	铅笔	2B,中华 101 绘图铅笔/考试铅笔 12 支/盒	9.9	
(7)	笔筒	齐心(Comix)3 层	9	
4	档案盒			
(1)	档案盒	塑料,广博(GuangBo)10 只装 55 mm 粘扣 A4 文件盒	75	
(2)	档案盒	牛皮纸,得力档案盒 A4/30 mm 10 只装	19.9	
(3)	档案盒	牛皮纸,广博(GuangBo)10 个装 40 mm 经典 A4 牛皮纸档案盒	22	
(4)	档案盒	牛皮纸,广博(GuangBo)10 个装 50 mm 经典 A4 牛皮纸档案盒	23	
5	其他耗材类			
(1)	订书钉	薄,齐心(COMIX)10 盒装 12#强穿透订书钉 可订 25 页 1000 枚/盒	10	
(2)	订书钉	厚,1000 枚/盒高强度钢厚层订书钉(23/23)可订 200 页	13.8	
(3)	订书机	得力(deli)0305 订书机 12#	10	
(4)	回形针	得力(deli)0051 大号镀镍三角回形针 3# 100 枚/盒 10 盒装	15	
(5)	固体胶	齐心(COMIX)12 支装 36gPVA	21	
(6)	橡皮擦	得力 2 块/袋 42 mm×26 mm×17 mm/块	2.5	
(7)	便利贴	大,齐心(COMIX)12 本装(76 mm×76 mm)	27	
(8)	便利贴	小,广博(GuangBo)12 本装便利贴 76 mm×19 mm	26	
(9)	涂改液	晨光 ACF72401	3	
(10)	美工刀	晨光(M&G)ASS91315 裁纸刀 18 mm 内含 2 个刀片	12	

续表

序号	名称	规格型号	单价/元	备注
(11)	剪刀	齐心（COMIX）	3.5	
(12)	长尾夹	齐心（COMIX）40 只装 19 mm	8	
(13)	长尾夹	齐心（COMIX）60 只装 15 mm	10	
(14)	长尾夹	齐心（COMIX）48 只装 25 mm	12	
(15)	长尾夹	齐心（COMIX）12 只装 50 mm	13	
(16)	文件框	广博（GuangBo）四联文件框	16	
(17)	拉杆夹	探戈（TANGO）A4 透明抽杆夹 10 只装	7.9	
(18)	卷尺	广博（GuangBo）5 米双制动包胶款钢卷尺	11	
(19)	起钉器	欧标金属订书针便捷起钉器	3	
(20)	透明胶带	广博（GuangBo）加厚透明胶带 48 mm×60 y	5	
(21)	双面胶	齐心（COMIX）10 卷装 18 mm×10 y（9.1 米）棉纸双面胶带	15	
二	建点物资类			
1	生活电器			
(1)	抽油烟机	根据房屋实际情况进行配置	1000	
(2)	空调（挂式）	选用奥克斯或美的等性价比高的空调	1900	
(3)	空调（柜式）	选用奥克斯或美的等性价比高的空调	5000	
(4)	冰箱	根据监理站人数购置大容量冰箱	1500	
(5)	彩电	有条件的在员工休息室使用	2000	
(6)	洗衣机	方便维修的品牌洗衣机	1000	
(7)	热水器	采用燃气或电热水器（根据房屋实际情况按需配置）	1500	
(8)	消毒柜	康宝（Canbo）350系列立式消毒柜/碗柜 GPR350H-1 或类似品种	1000	
2	办公家具			
(1)	总监办公桌椅	1.8 米班台	1500	
(2)	会客沙发茶几	4~5 人位布艺或皮艺沙发	1500	
(3)	办公室茶几	木质或玻璃	300	
(4)	办公桌椅	集中办公采用卡座式办公桌，分散办公采用 1.4 m 或 1.6 m 木质办公桌	600	

续表

序号	名称	规格型号	单价/元	备注
(5)	文件柜	铁皮带玻璃的文件柜	400	
(6)	会议桌、椅	可采用板式会议桌或条桌拼装成型的会议桌	/	
(7)	餐桌加凳子	木质大圆桌，铁质或塑料凳	600	
2	生活物资			
(1)	三件套	1.2 m	100	
(2)	四件套	1.5 m	150	
(3)	垫棉絮	—	40	
(4)	盖棉絮	每斤	25	
(5)	枕头	每个	30	
(6)	布衣柜	木架或钢架布衣柜	150	
(7)	垃圾桶	vivian 斜形卫生桶 垃圾桶	10	
(8)	垃圾袋	苏诺很厚实手提背心垃圾袋家用大号厨房60只装55 cm×70 cm	15	
(9)	拖把	尘博士 魔线水拖把可替换墩布地拖布头木地板吸水圆头拖把	35	
(10)	扫把	莎爱洁 扫把簸箕套装组合软毛笤帚畚箕套扫扫帚套装地板清洁工具 【铁杆升级款】金色 扫把+簸箕	16	
三	劳保用品			
1	安全帽	铭欲家具专营店，颜色按业主要求购置	23	
2	工具包	老街坊包铺	58	
3	工装	联系生产部购置统一款式	—	
4	雨伞	折叠雨伞	12	
5	雨衣	PLAYKING 加厚	19	
6	雨靴	春秋男士高筒水鞋防水雨鞋	28	
7	防护口罩	3M 口罩 9031 防尘防雾霾 9032 防护颗粒物 PM2.5 防工业粉尘骑行上下班用男女口罩 9031 耳戴式（1 包/10 个）	20	
四	其他			
1	消防设施	根据实际情况配备	—	
2	扩音设备	根据实际情况配备	—	

附件 2.3

铁路项目中心试验室配置设备参考

编 号	仪器设备名称	规格型号	数量
力学室			
1	万能材料试验机	WE-1000E	1 台
2	冷弯冲头	—	1 套
3	抗折支座	—	1 套
4	数显式压力试验机	YES-2000B	1 台
5	电脑恒应力压力机	BC-300B	1 台
6	电动抗折机	DKZ-5000	1 台
7	连续式钢筋标点机	LB-40	1 台
8	水泥抗压夹具	ISO40X40	1 台
9	锚杆拉拔仪	ML-B	1 套
水泥室			
10	水泥净浆搅拌机	NJ-160B	1 台
11	行星式水泥胶砂搅拌机	JJ-5	1 台
12	胶砂试体成型振实台	ZT-96	1 台
13	水泥细度负压筛析	FSY-150B	1 台
14	水泥沸煮箱	FZ-31	1 台
15	水泥胶砂流动度测试仪	NLD-3	1 台套
16	水泥标准养护箱	GB/T17671-40A	1 台
17	水泥全自动比表面积仪	FBT-5	1 台套
18	水泥标准稠度测定仪	LD-5	1 台套
19	水泥游离钙快速测定仪	Ca-5 型	1 台
20	EDTA（化学分析）	—	1 套
21	箱式电阻炉	SX2-2.5-10	1 台
22	雷氏夹测定仪	LD-5	1 台套
23	雷氏夹	LD-5	11 个
24	电沙浴	400 型	1 台
25	干燥器	ϕ 240 mm	1 件
26	水泥胶砂试模	40 mm×40 mm×160 mm	5 组

续表

编 号	仪器设备名称	规格型号	数量
砼、集料室			
27	单卧轴强制式搅拌机	HJW-60	1 台
28	直读式含气量测定仪	ACH-7L	1 台
29	自分渣磨浆机	DM-Z80	1 台
30	混凝土振实台	1 m×1 m	1 台
31	震击式标准振筛机	ZBSX92	1 台
32	新标准方孔石子筛	ϕ300 mm	1 套（13 个）
33	新标准方孔砂石筛	ϕ300 mm	1 套（9 个）
34	粗骨料压碎指标测定仪	ϕ152	1 套
35	回弹仪	ZC3-A	1 套
36	回弹仪标准钢砧	GZ-18	1 件
37	裂缝宽度观测仪	ZXL-101	1 套
38	虹吸筒	ϕ200	1 件
39	砂、石容量筒	1-50L	1 套（9 个）
40	针、片状规准仪	新标准	各 1 件
41	砂、石漏斗		各 1 套
42	混凝土坍落度筒		1 套
43	砂浆试模（塑料）	70.7×70.7×70.7	8 组
44	混凝土试模（塑料）	150×150×150	8 组
45	混凝土试模（塑料）	100×100×100	8 组
土工室			
46	动态变形模量测定仪	EVD	1 台
47	多功能电动击实仪	TDT-III	1 台套
48	数显液塑限联合测定仪	WX-Ⅱ（76g）	1 台套
49	电动多用脱模机	LT-Ⅱ	1 台套
50	电热鼓风干燥箱	101-2	1 台
51	轻型动力触探仪	N10	1 套
52	平板载荷（K30）测定仪	K30	1 套

续表

编 号	仪器设备名称	规格型号	数量
53	土壤筛	φ300 mm	1 套（11 个）
54	灌砂筒	150	3 套
55	取土环刀	—	14 支
56	铝盒	—	18 个
57	无水乙醇	—	16 瓶
58	标准砂（灌砂法用）	—	3 袋（25 kg/袋）
养护室			
59	养护室温湿自动控制仪	BYS-Ⅱ	1 套
衡器			
60	电子天平	TD1000/0.01	1 台
61	电子天平	BS-30KA（30 kg）	1 台
62	电子静水天平	TD5000/0.1	1 台套
63	电子案秤	XK3100-B2+（100 kg）	1 台
64	电子天平	JM-B（200 g）/0.001	1 台
65	电子计重秤	ACS-30（30 kg）	1 台
66	李氏比重瓶	250 mL	2 个
67	比重瓶	1 000 mL	2 个
68	干湿温度计	0~50℃	3 支
69	温度计	0~100℃	1 支
70	游标卡尺	0~150 mm	1 支
器具			
71	脱模气压泵	ZB-0.11/7	1 套
72	陶瓷研皿	φ100	2 个
73	水泥留样桶	20 cm×25 cm	20 支
74	容量瓶	1 000 mL	3 支
75	广口瓶	1 000 mL	3 支
76	干锅	—	6 支
77	塘瓷方盘	—	大 3 个、中 4 个

续表

编 号	仪器设备名称	规格型号	数量
78	不锈钢圆盘	—	3 个
79	削土刀	—	1 把
80	铁锤	—	1 把
81	橡胶锤	—	2 把
82	方锹	—	2 把
83	尖锹	—	3 把
84	塑料盆	—	6 个

附件 2.4

宣传栏（参考）

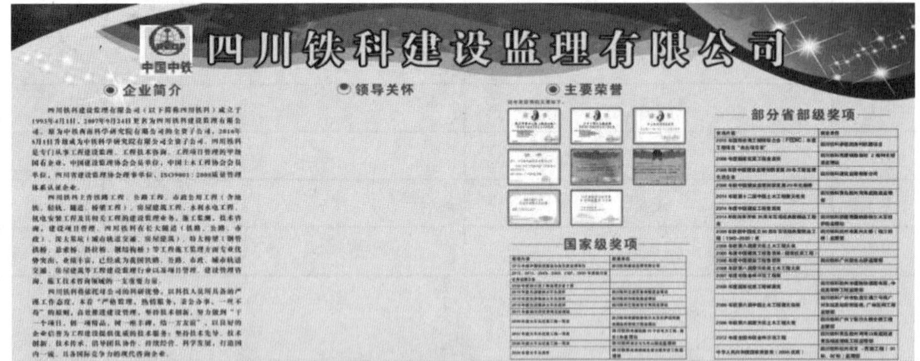

图 1　宣传栏（一）

图 2　宣传栏（二）

图 3　宣传栏（三）

上墙图表（可视现场具体情况进行更改）：

1. 项目驻地监理机构总监办或中心试验室挂牌材料为拉丝不锈钢，尺寸为长×宽=220 cm×30 cm，最上方附公司徽标，下方为“××监理站（部）”或“××监理站（部）中心试验室”，字体为黑色、宋体。长宽比也可选用 1∶0.618。

2. 上墙职责及工作流程图框架外部采用尺寸为高×宽=70 cm×50 cm，浅色亚光金属材料（如不锈钢）边框宽 3 cm。版面采用蓝底白字，标题为白色宋体，字号应大于正文，正文为白色宋体，行距采用 1.5 倍，字号根据内容确定。整体协调、淡雅、美观大方。

3. 项目平、纵断面图，形象进度图，组织机构图等的版面基本尺寸为宽×长=110 cm×280 cm，版面采用白底，标题采用红色宋体，正文（含图表内容）文字为黑色宋体，里程等数字可采用红色，边框为 5 cm 浅色亚光金属材料（如不锈钢），具体大小根据监理机构办公室墙面酌情采用。整体协调、淡雅、美观大方。

4. 晴雨表。根据现场情况制作。

5. 根据现场明显的凸显位置张挂（贴）公司形象和企业精神等标（旗）语。

（1）企业愿景：国内领先　世界一流

（2）企业使命：奉献精品　改善民生

（3）核心价值观：诚信敬业　共建共享

（4）企业精神：勇于跨越　追求卓越

（5）管理模式：制度为纲　技术为先　臧否分明　荣辱与共

（6）企业道德：仁厚待人　忠信守业

（7）企业作风：敬事而信　笃行不倦

（8）团队精神：荣辱与共

三、安全管理

（一）工作目标

杜绝责任安全生产事故，杜绝责任营业线行车事故。（同时满足项目业主颁布的安全生产目标及公司年度安全生产目标）

（二）基本工作要求

序号	基本工作要求	量（细）化要求	参照格式
内控要求			
1	《监理规划》及《安全监理实施细则》	《监理规划》中应对项目安全监理工作做安排计划，编制具有针对性的《安全监理实施细则》，建立健全本项目安全监理管理办法，编制中注重编制依据的时效性、可操作性，严禁生搬硬套，并组织全体监理人员学习贯彻	《监理规划》《安全监理实施细则》参考《建设工程监理规范》（GB/T 50319—2013）监理规划及监理实施细则的要求编制
2	监理人员上岗前组织开展岗前安全培训，项目过程中定期开展安全业务培训、劳动安全培训等	1. 项目所有监理人员上岗前，项目应组织安全培训考试，留存考试试卷。 2. 项目须按月开展安全技术交底或培训，留存培训记录及签到单	
3	按照公司相关要求，开展安全专项工作	严格落实工作要求，及时准确提交工作报告、总结等及各类统计报表	

续表

序号	基本工作要求		量（细）化要求	参照格式
外控要求				
1	核查施工单位安全管理体系		审查内容包括：①审查承包人、分包人的安全生产许可证；②安全管理保证体系的组织机构；③安全管理的规章制度；④专职安全管理人员配置及实际到位情况；⑤管理人员、安全员等的资格证、上岗证；⑥督促承包人检查各分包人的安全生产措施的落实情况	附件 3.1
2	审查施工单位的施工组织设计及危险性较大的分部分项工程的专项施工方案		审查施工组织设计中安全技术措施是否符合工程建设强制性标准，留存报审表。对超过一定规模的危险性较大的分部分项工程的专项施工方案，须检查施工单位组织专家进行论证、审查的情况，以及是否附有安全验算结果。监理项目部必须要求施工单位按已批准的专项施工方案组织施工；若专项方案调整时，施工单位须按程序重新提交监理项目部审查	施工组织设计及专项施工方案安全标准审查格式详见《建设工程监理规范》（GB/T 50319—2013）表 B.0.1 施工组织设计/专项施工方案报审表
3	审查施工单位《进场施工机械、设备报验表》及附件，并定期开展大型设备的专项检查		1. 根据施工合同、已批复的施工组织设计中要求的设备数量和型号，审查施工单位《进场施工机械、设备报验表》及附件。 2. 施工过程中每月开展针对特种设备、大型设备的专项检查，留存检查记录。尤其对大型起重机械须核实最大起重量，检查制动、限位、连锁及保护等安全装置齐全有效	
4	施工现场安全检查	临时用电	定期检查施工现场临时用电是否符合《施工现场临时用电安全技术规范》（JGJ 46—2005），并留存检查记录	

续表

序号	基本工作要求		量（细）化要求	参照格式
4	施工现场安全检查	施工机具	定期检查施工单位的安全防护用具、小型机械设备、施工机具是否符合国家有关安全规定，并留存检查记录	
		安全标识	检查施工现场各种安全标识和安全防护是否符合强制性标准要求，并留存检查记录	
5	特种作业人员		按月检查从事电气、起重、爆破、潜水、高空作业、焊接等特殊工种的人员，是否经过专业培训获得《安全操作合格证》后持证上岗。重点对新进场人员、新开工工点人员的证件有效期、人证相符情况进行检查	
6	检查施工人员是否进行岗前安全教育及安全技术交底		一般情况检查安全教育及安全交底资料，特殊情况按建设单位要求办理	
7	安全应急预案		1. 核查施工单位《安全应急预案》并督促进行演练。 2. 按公司及建设单位的要求，编制监理项目《安全应急预案》并结合实际情况进行演练	
8	1. 应检查施工单位安全生产责任制、安全规章制度的建立和落实情况，以及重大危险源安全管理和生产安全事故隐患排查治理情况； 2. 应核查施工单位项目负责人、专职安全生产管理人员和特种作业人员的资格，以及施工机械设备和设施安全许可验收手续； 3. 应检查施工单位危险性较大工程的专项施工方案的实施情况；		各层级监理人员月度现场安全检查量化要求（可与质量检查合并）。 1. 地铁项目：项目总监对管内全部工点进行安全检查，每月不低于 2 次；副总监、安全监理工程师不低于 4 次；其他现场监理人员应每日检查。上级（公司或建设单位，下同）认定的极高风险、高风险工点须增加检查频率。所有检查情况须形成专项书面检查资料，或记录于《监理日记》《监理日志》内，并明确整改要求，限时闭合或按上级要求处置。	

续表

序号	基本工作要求	量（细）化要求	参照格式
8	4. 日常检查发现的违规行为必须及时制止，对已经存在的安全事故隐患，必须立即要求施工单位整改，并及时下发《监理通知单》，抄报监理项目部。情况严重时项目总监应下达《工程停工令》，并同时报告建设单位。对施工单位拒不接收监理指令、拒绝整改或整改不力的，现场监理人员必须及时向监理项目部汇报，监理项目部应立即向建设单位报告，以电话形式报告的应当留存通话记录，并补充监理书面报告，按建设单位的要求进行处置	2. 铁路项目：项目总监对管内全部工点进行安全检查，每月不低于 1 次；副总监、安全监理工程师不低于 2 次；其他现场监理人员应每日检查。上级认定的极高风险、高风险工点须增加检查频率。所有检查情况须形成专项书面检查资料，或记录于《监理日记》《监理日志》内，并明确整改要求，限时闭合或按上级要求处置。 3. 房建、市政等项目：项目总监对管内全部工点进行安全检查，每月不低于 4 次；其他监理人员应每日检查。所有检查情况须形成专项书面检查资料，或记录于《监理日记》《监理日志》内，并明确整改要求，限时闭合或按上级要求处置。 4. 公路项目：监理工程师应采取以巡视为主的方式进行施工现场监理，按计划定期或不定期巡视施工现场，对施工的主要工程每天不少于 1 次，并填写《巡视记录》，并明确整改要求，限时闭合或按上级要求处置	
9	安全风险隐患库按月更新	按公司要求，监理项目定期开展风险源辨识、排查工作，建立项目安全风险隐患库，制订预防措施并贯彻落实	附件 3.2
10	安全质量问题库按月更新	按公司要求，监理项目定期开展安全质量检查，建立项目安全质量问题库，明确整改措施、责任人、整改期限等，并贯彻落实	附件 3.3

续表

序号	基本工作要求	量（细）化要求	参照格式
11	1. 监理项目按月度召开安全分析会（可与监理例会一并召开）； 2. 对具有倾向性、典型性、隐患突出的安全问题，应适时召集安全专题剖析会	1. 监理项目每月至少召开一次安全分析会（可与监理例会合并），查找施工及监理自身安全问题，制订措施并落实整改，形成书面会议纪要； 2. 监理项目每季度至少召开一次安全专题剖析会，主要针对具有倾向性、典型性、隐患突出的安全问题，提出明确整改措施及要求，并组织整改落实，形成书面会议纪要，上报建设单位	附件 3.4 附件 3.5
12	按照建设指挥部相关要求，开展安全专项工作	严格落实工作要求，及时准确提报工作报告、总结等及各类统计报表	
13	安全事故（包括非责任事故、事件）	1. 项目部应责令承包单位立即采取措施，减少损失，保护事故现场；2. 立即向公司报告事故概况； 3. 参与事故调查并对事故处理过程进行检查，处理结果进行验收； 4. 向公司及建设单位提交《事故整改报告》，并将事故处理记录整理归档。 （注：对责任事故另行考核）	附件 3.6 附件 3.7 附件 3.8
14	营业线或邻近营业线施工监理	营业线或邻近营业线施工，应按照国家铁路局《铁路营业线施工安全管理办法》等的要求，检查施工单位以下工作：①审查现场作业人员（特别是劳务工）的安全教育培训和班前安全讲话情况，未经培训的严禁上岗；②审查施工单位是否严格按照经审批的施工方案组织施工，工程安全质量保证措施是否落实；③审查施工单位是否是有路局批准施工计划，是否按施工计划批准的日期、里程、时间、内容执行；④审查施工单位的配合单，严禁无计划超范围施工；	

续表

序号	基本工作要求	量（细）化要求	参照格式
14	营业线或邻近营业线施工监理	⑤审查施工单位项目负责人、安全技术负责人、驻站联络员、工地防护员、关门防护员、带班人员是否到岗履行职责，人员数量是否充，资质是否合格有效，检查设备管理单位配合人员是否到场，上述人员未到现场不准施工；⑥检查防护标识、施工作业牌是否按规定设置，施工场地与营业线是否采用硬隔离设施；⑦检查路材路料的堆码、施工机具堆放、施工作业车辆管理是否符合相关规定，严禁侵限；⑧检查路材路料是否做到“工完料尽”“一日一清”，作业设备是否做到“车过机停”“一车一人”“专人防护”；⑨检查、复核架桥机、大型起重设备检验合格证，以及大型施工机械及移动设备操作人员操作证的；⑩检查对既有地下电缆的防护，开沟前是否充分了解地下管线路情况，防止对地下管线和使用中的设备造成损害；⑪防护栅栏开口时，检查是否与属地公安部门、设备管理单位签订安全协议，是否按规定办理了有关手续，落实安全防护措施	
15	总监应定期进行安全汇报	项目总监每月至少向建设单位安质部门负责人当面汇报一次，并提交书面报告；每季度至少向建设单位分管领导当面汇报一次，并提交书面报告。（书面报告也可用《监理月报》《例会纪要》等）	附件 3.9
16	开展季节性专项检查及专项安全技术措施落实情况专项检查	1. 检查项目包含：夏季防汛及防地质灾害，冬季消防、冰冻雨雪灾害天气、火工品管理专项检查，不良地质隧道（如富水软弱破碎围岩、突泥涌水、岩溶、瓦斯、挤压或膨胀岩、岩爆及瓦斯等有毒有害气体）专项安全技术落实专项检查，特大或特殊桥型相关安全技术措施落实情况专项检查，等等。 2. 季节性专项检查当季每月至少一次，其他安全专项检查每月应不少于一次。 3. 季节性的安全工作应在现场监理人员的定期巡查和内部信息报告中体现，做到有事报事、无事报平安	

（三）相关参照模板

附件 3.1：施工组织设计/（专项）方案报审表
附件 3.2：风险源统计表
附件 3.3：安全质量问题库台账
附件 3.4：项目月度安全分析会会议纪要
附件 3.5：项目安全专题剖析会会议纪要
附件 3.6：事故报告手机短信格式
附件 3.7：生产安全事故快报
附件 3.8：事故调查报告书
附件 3.9：总监月度（季度）安全质量口头汇报格式
附件 3.10：各监理岗位安全生产职责（参考）

附件 3.1

施工组织设计/（专项）方案报审表

工程名称：　　　　　　　　　　　　　　编号：

至：（项目监理机构） 我方已完成工程施工组织涉及/（专项）施工方案的编制和审批，请予以审查。 附件：□施工组织设计 　　　□专项施工方案 　　　□施工方案 施工项目经理部（盖章） 项目经理（签字） 年　月　日
审查意见： 专业监理工程师（签字） 年　月　日
审核意见： 项目监理机构（盖章） 总监理工程师（签字、加盖执业印章） 年　月　日
审批意见（仅对超过一定规模的危险性较大的分部分项工程专项施工方案）： 建设单位（盖章） 建设单位代表（签字） 年　月　日

附件 3.2

风险源统计表

序号	监理项目名称	工程类别	参建单位	工程地点	监理合同价/万元	合同工期	项目开始时间	项目预计完成时间	项目负责人（监理）	项目投资、进度完成情况	项目重难点（单位工程）	基本设计概况	目前施工进展情况	现阶段或后期面临的主要风险	风险等级	对应采取的监理措施	施工工点负责人（附联系方式）	需要解决的问题
1		铁路/公路/城市轨道/市政工程		具体地址					负责人（电话：　　　）	完成投资的____%。主要隧道、桥梁单位工程进度。								

填报人：　　　　项目总监：　　　　填报时间：

附件 3.3

安全质量问题库台账

填报单位：

序号	项目名称	存在问题	排查日期	整改措施	整改期限	整改负责人	整改完成时间	验证人	验证时间	备注

填报人：　　　　主要领导（项目负责人）：　　　　填报时间：

附件 3.4

××项目月底安全分析会会议纪要

（×）

××项目办公室　　　　　　　　　　　　　　××年××月××日

会议时间：
会议地点：
主持人：
参会人员：
会议内容：
一、上期会议议定事项的落实情况
二、本期施工现场存在的安全问题，整改要点及整改期限
三、本期监理安全管理的问题及要求

附件：会议签到表

分送：××，××

附件 3.5

××项目安全专题剖析会会议纪要

（×）

××项目办公室　　　　　　　　　　　××年××月××日

××年××月××日召开××会议，形成会议纪要如下：

××

分送：××，××

附件 3.6

事故报告手机短信格式

四川铁科：20××年×月×日×时×分左右，在××省××市××县境内，由×××公司承建（由×××公司监理或监测）×××工程×标，在×××工序施工过程中，初步估计因×××原因，导致现场作业人员×人死亡（失踪）、×人重伤。事故已经于事发××小时（分钟）内，报告当地安全生产监管部门。现场应急预案已启动，事故单位×××领导已带队赶往现场，当地安监部门已××，事故原因正在调查之中。

（注：此短信文本格式适用于各级安全质量专职人员，必须认真落实在工作中）

附件 3.7

生产安全事故快报

单位（分公司、项目监理机构）名称：　　　　单位负责人（分公司领导、总监）：

<table>
<tr><td>事故时间</td><td colspan="3">年　月　日　时　分</td><td>事故地点</td><td colspan="2">××省××市××县</td></tr>
<tr><td>事故单位</td><td colspan="6">×××（单位名称）×××项目经理部（标段）</td></tr>
<tr><td rowspan="2">事故现场负责人</td><td>姓名</td><td></td><td rowspan="2">事故单位负责人</td><td>姓名</td><td colspan="2"></td></tr>
<tr><td>电话</td><td></td><td>电话</td><td colspan="2"></td></tr>
<tr><td colspan="2">事故伤亡人数</td><td colspan="5">死亡　人，失踪　人，重伤　人，轻伤　人</td></tr>
<tr><td colspan="7">一、事故简要经过、人员伤亡类别（职工、劳务工）、初步估计的直接经济损失、报告地方政府和建设单位时间

二、事故现场救援采取的主要措施

三、其他情况（事发项目工程概况，事发地是否影响铁路营业线、繁华闹市区、高速公路、国道、其他重要设施安全）</td></tr>
</table>

1. 附事故照片（4 张以上，能充分反映事故现场实际情况和全貌的电子版照片及说明）；

2. 此表由项目监理机构填写并在规定时限内报公司安全生产部。

附件 3.8

事故调查报告书

相关单位：××单位

发生时间：××时××分

基本情况：

××年××月××日

××事故调查报告书

总体概况

一、基本情况

1. 工程简介

2. 事故情况

发生时间：××时××分

发生地点：××地

建设单位：××单位

施工单位：××单位

监理单位：××单位

劳务单位：××单位

伤亡情况：××人伤亡

事故简要经过：

二、事件处理及信息报送情况

三、现场监理履职情况

四、初步原因分析

1. 直接原因

2. 间接原因

五、经验教训

六、责任处理

七、下一步整改措施

附件 1：××

附件 2：××

附件 3：××

××年××月××日

附件 3.9

总监月度（季度）安全质量口头汇报格式

一、近期安全质量情况

1. 主要问题
2. 采取的监理措施及效果
3. 下一步计划

二、建设单位近期安排的重点工作完成情况

三、近期监理工作需加强和完善的情况

四、需建设单位支持的事项或相关建议

附件 3.10

各监理岗位安全生产职责（参考）

项目总监理工程师安全生产职责

在公司行政、党委领导下，认真贯彻执行国家安全生产法规，坚持“安全第一，预防为主，综合治理”的原则，落实好安全生产责任制，确保本项目安全生产。

1. 认真执行并督促本项目执行上级有关安全生产的政策、法令和各项规章制度。全面负责本项目监理生产任务的组织实施，严格履行本项目安全生产责任制，制订并督促落实本项目其他人员安全生产职责。对本项目的安全生产负责，并向公司负责。

2. 根据公司年度和阶段性安全工作目标，负责组织编制本项目安全生产年度和阶段性目标。根据公司安全管理体系的要求、制度、规定等，负责组织建立健全本项目安全生产规章制度、操作规程、安全管理体系，并认真组织力量全面贯彻实施，实现现场作业过程安全控制。

3. 严格履行并督促各级监理人员履行监理项目安全事前、事中、事后控制内容，抓好安全过程控制和追踪落实，对过程控制的结果全面分析，全面掌握管段内施工安全情况情况。

4. 负责编制项目监理规划，审批项目安全监理实施细则及其他专项细则中安全监理内容。组织审核承包单位施工组织设计，组织审核本项目危险性较大的分部分项工程的专项施工方案，对须专家论证的专项方案及既有线施工方案，须亲自审核并督促严格落实。

5. 对发现承包单位有违反工程建设程序、安全规程、建设标准，尤其是影响营业线行车安全的行为，须及时制止并责令承包单位立即整改；发现其施工活动可能或已经危及工程安全质量的，须及时通知建设管理单位，必要时下达暂停施工指令。

6. 组织本项目的定期安全生产检查和日常安全检查，发现重大问题及时研究，制订措施，并确保按期实现。根据公司要求及本项目安全生产特点、季节变化等具体情况，组织本单位安全生产专项检查，跟踪督查重大安全风险隐患的整改。发生施工安全事故时，须亲临现场组织调查分析或应急救援工作。

7. 组织督促本项目员工学习安全生产政策和业务知识，定期进行安全技术考核，不断提高从业人员专业素质，提高技术服务质量。

8. 及时准确地向公司汇报铁路安全事故和安全信息。严格执行“四不放过”原则，组织施工安全事故的现场调查、分析及相关资料的收集和上报。

9. 每月按现场检查量化标准有计划、有重点地对现场监理工作、施工作业现场进行抽查，监督检查监理组、现场监理的安全生产工作，及时消除安全隐患。对检查发现的隐患及时处理，较大隐患要亲自到现场跟踪检查，并进行综合分析。

10. 每月定期组织召开安全分析会、每周定期主持召开交班会，小结本项目上期安全生产工作，布置下期安全重点工作。及时研究本项目重要安全问题，制订整改措施，明确责任人和完成期限，对重要安全问题实施动态管理和销号制度。

11. 定期组织对本项目监理人员履行岗位安全生产责任制情况的考核。

12. 完成公司交办的临时工作任务。

项目副总监安全生产职责

1. 在总监理工程师（以下简称“总监”）领导下，协助总监负责本项目全面安全监理工作，受总监委托在总监离岗时行使项目安全监理权利并承担相应责任。

2. 受总监委托对项目安全监理管理机构的有效运行、安全监理责任制的落实情况进行检查评估及督促整改。对分管的部门、监理组、监理试验室的安全生产管理情况进行定期检查及督促整改。

3. 组织或参与本项目施工单位报审的总体施工组织设计、专项安全方案、安全事故应急预案等的评审并提出评审意见。

4. 对发现承包单位有违反工程建设程序、安全规程、建设标准的行为，须及时制止责令承包单位并要求其立即整改；发现其施工活动可能或已经危及工程安全质量的，须及时向总监汇报，必要可通知建设管理单位。

5. 组织本项目的定期安全生产检查和日常安全检查，发现重大问题及时研究，制订措施，并确保按期实现。根据公司要求及本项目安全生产特点、季节变化等具体情况，组织本单位安全生产专项检查，跟踪督查重大安全风险隐患的整改。发生施工安全事故时，须到场组织调查分析或应急救援工作。

6. 参加安全事故或事故隐患的调查分析工作，监督检查施工单位对安全隐患的整改处理工作。

7. 协助总监理工程师组织项目监理人员每月一次的业务学习以及定期的安全、质量、文明施工巡检，对存在的安全质量隐患下发限期整改通知，复查整改结果。

8. 定期检查指导专职安全监理工程师的日常工作，规范安全管理内业资料，及时准确上报安全表报情况。

9. 定期分析研究安全管理的经验和教训，自查自纠安全管理中存在的问题，不断改进和完善项目安全监理工作。

安全监理工程师职责

1. 在总监领导下，编写《安全监理实施细则》，并负责其具体的实施。

2. 审查本项目重点工程、高风险工点的施工方案、施工组织设计中的安全保证体系及安全措施，并将审查意见报告总监。审核施工单位安全资质和证明文件，特种设备的证明文件，特殊工种的上岗操作证等。审核施工单位提交的工程安全检查报告。监督施工现场紧急救援物资的存放和管理。审核并签署现场有关安全技术签证文件，做好安全资料的收集和管理。

3. 做好现场跟踪监理，对主要结构、大型特种设备、电气设备、现场防护等关键因素做好日常跟踪检查。同时根据施工情况，可采取抽检和检测工作。

4. 对现场危及安全的因素经提出后，施工单位未采取措施或措施不力，报请总监理工程师下达书面的暂时停工指令，并追踪整改情况。

5. 做好《安全监理日记》的记录及其他安全管理资料工作。

6. 参与工程安全事故调查。

7. 定期向总监理工程师汇报安全工作及安全施工情况。

监理组长（分站长、总代）安全生产职责

1. 在监理项目部领导下，根据本项目安全生产年度和阶段性目标及公司安全管理体系的要求、制度、规定等，负责本组的安全生产规章制度、安全

管理体系等的贯彻落实及监督检查。

2. 参与本组项目施工单位报审的总体施工组织设计、专项安全方案、安全事故应急预案等的评审并提出评审意见。复核专业监理工程师检验的进场机械设备、脚手架、模板支架等特种设备。复核专业监理工程师检验的电气、起重、爆破、焊接等特种作业人员资格。

3. 对发现承包单位有违反工程建设程序、安全规程、建设标准的，尤其影响营业线行车安全的行为，须及时制止责令承包单位立即整改；发现其施工活动可能或已经危及工程安全质量的，须及时向总监汇报。

4. 定期组织本组的安全生产检查和日常安全检查，发现重大问题及时研究，制订措施，并确保按期实现。根据项目部要求，组织本组安全生产专项检查，跟踪督查重大安全风险隐患的整改。

5. 参加安全事故或事故隐患的调查分析工作，监督检查施工单位对安全隐患的整改处理工作。

6. 定期检查指导本组专业监理工程师的日常工作，规范安全管理内业资料，及时准确上报安全表报情况。

专业监理工程师安全生产职责

1. 在总监领导下，认真学习并执行本项目安全生产的有关政策、法令和各项规章制度。负责管段项目的安全生产规章制度、安全管理体系等贯彻落实及监督检查。

2. 根据本项目《安全监理实施细则》实施管内的安全监理工作，监督检查施工单位专项施工方案、安全施工措施等的落实情况。

3. 每日进行日常安全巡视检查，并以隧道、高墩、深基坑、水中、高大模板、特种设备等施工安全，从业人员劳动安全为安全风险控制重点。发现施工单位有违反工程建设程序、安全规程、建设标准等行为，须及时制止责令施工单位立即整改；发现其施工活动可能或已经危及工程安全质量的，须及时向总监汇报，并按要求处置。

4. 实行安全跟踪管理，按要求参加安全巡视或专项安全整治排查等活动，对各类安全隐患问题提出整改要求并检查落实情况，并按要求及时上报工作信息。

5. 对施工现场存在严重违章行为和安全设施无保障的施工项目和部位，不予验收，不准进行下道工序。情况严重者，报请总监理工程师同意，予以停工整顿。

6. 参加安全事故或事故隐患的调查分析工作，监督检查施工单位对安全隐患的整改处理工作。

7. 指导、检查管段内监理员的相关安全管理工作。

监理员安全生产职责

1. 认真学习，自觉遵守有关施工安全的规定，掌握安全操作规程及施工安全措施，不断提高自我安全防护能力和现场安全监督水平。

2. 在专业监理工程师指导下，对管内项目的施工安全进行监督检查。发现承包单位有违反工程建设程序、安全规程、建设标准等行为，须及时制止并向专业监理工程师汇报。

3. 在专业监理工程师指导下对重点部位、关键环节实施旁站并做好记录。发现问题及时指出并向专业监理工程师报告。

4. 负责各专业安全资料的收集、汇报及整理，参加编制安全监理月报。

四、质量管理

（一）工作目标

杜绝责任质量事故，竣工验收合格率 100%。（同时满足项目业主颁布的质量目标及公司年度质量目标）

（二）基本工作要求

序号	基本工作要求	量（细）化要求	参照格式
内控要求			
1	结合项目实际编制《监理规划》《监理实施细则》	1.《监理规划》应针对项目实际情况，明确监理项目的工作目标、工作要求，确定具体的监理工作制度、程序和措施等。《监理规划》应经公司技术负责人批准，按规定时间报送建设单位核备。 2.《监理实施细则》编制依据有效，明确监理工作的方法、措施和控制要点，具有可操作性。严禁生搬硬套，无法实施。对危险性较大的分部、分项工程应单独编制	
2	建立完善适应本项目实际需要的管理办法及工作制度	包括监理工作制度、内部管理制度，并组织各级监理人员贯彻落实	附件 4.1
3	编制专项《旁站监理实施细则》	《旁站监理实施细则》须明确旁站项目、旁站程序和内容。督促各级监理人员按要求落实旁站工作，发现问题督促整改，整改不力的及时汇报。做好旁站记录及监理日记	附件 4.2
4	内业资料	监理项目部应及时完成监理资料的收集、整理、归档工作。监理资料的组卷、规格、装订应执行建设单位档案管理的统一规定。监理资料必须真实完整，及时整理，有序分类	

续表

序号	基本工作要求	量（细）化要求	参照格式
5	项目部必备的资料包括： 1. 工作依据类：设计文件、委托监理合同（包括投标文件）、设计变更、监理规划、监理实施细则、各类会议纪要和文函、营业线施工资料（包括：营业线施工方案、施工计划、施工协议）等。 2. 审查批复类：对施工单位报审资料的审查批复（包括：开工报告、施工组织设计、专项施工方案、进场材料构配件、进场机械设备、进场作业人员等，须保留具体审查意见）。 3. 过程记录类：监理日志（项目部、监理组）、监理日记（个人）、监理月报、监理工作专题报告、旁站监理记录、监理工程师通知单及回复单、停（复）工令、监理工作联系单、监理人员台账及附件、见证及平行检测资料、测量复核资料、检验批（分部、分项工程）质量验收台账、隐蔽工程验收影像资料、安全质量事故调查处理资料、月度安全风险源台账、月度安全质量问题库、验工计价台账等。 4. 竣工交验类：监理工作总结、工程质量评估报告、竣工报验单及验收记录、竣工结算资料等	1. 工作依据类、审查批复类、竣工交验类文件应在文件形成后由相应的审核人员检查并归档。 2. 过程记录类文件，项目部应按月收集，由内业工程师或分管副总监检查无误后归档	附件4.3 附件4.4
6	监理组必备的资料包括： 1. 工作依据类：设计文件、设计变更、监理规划、监理实施细则、各类会议纪要和文函、营业线施工资料等。 2. 审查批复类：对施工单位施工组织设计、专项施工方案等报审资料的审查批复（须保留具体审查意见）。 3. 过程记录类：监理日志（监理组）、监理日记（个人）、旁站监理记录、监理工程师通知单及回复单、进场材料台账、见证及平行检测资料、检验批（分部、分项工程）质量验收台账、隐蔽工程验收影像资料、月度安全风险源台账、月度安全质量问题库	过程记录类文件，监理组应按月收集现场监理人员资料，并由监理组长检查整理无误后，按月上报监理项目部	

续表

序号	基本工作要求	量（细）化要求	参照格式
7	现场监理必备的资料包括： 1. 工作依据类：设计文件、设计变更、监理实施细则、各类会议纪要和文函。 2. 审查批复类：对施工单位施工组织设计、专项施工方案等报审资料的审查批复（须保留具体审查意见）。 3. 过程记录类：监理日记（个人）、旁站监理记录、监理工程师通知单及回复单、见证及平行检测资料、进场材料台账、检验批（分项、分部工程）质量验收台账、隐蔽工程验收影像资料	过程记录类文件，现场监理人员应自检无误后，按月整理上报监理组	
8	监理项目部应落实总监负责制、逐级负责制的要求，定期开展内部检查。检查包括内业资料、外业实体、内部管理等方面，每月形成检查纪要，纳入月度考核并上报	1.监理项目每月由总监或副总监牵头，至少组织一次对监理组、监理试验室等下属机构的检查。 2.各监理组、试验室、部门每月由负责人牵头，对管内所有监理人员进行工作检查	
9	填报《项目业绩证明表》及《人员业绩证明表》	项目部须按照公司要求，填报《项目业绩证明表》，并按时报公司安全生产部；监理工程师及以上人员在人员调离时，填报《人员业绩证明表》并报公司人力资源部	附件4.5

续表

序号	基本工作要求	量（细）化要求	参照格式
外控要求			
1	审查施工单位技术管理体系和质量管理体系，审查内容应包括组织机构、管理制度、专职人员等内容	—	
2	监理项目部应参加设计文件技术交底会；应组织施工单位进行设计文件现场核对，向建设单位提出核对报告，并参加图纸会审答疑会议	—	
3	监理项目部应参加现场测量交桩。督促施工单位对测量基准点、基准线和水准点等测量资料进行复核或现场复测，对复测成果进行审核，对施工放样进行检查	—	
4	审查施工组织设计	审查施工单位的施工组织设计，提出审查意见并留存。审查内容包括：①质量、安全、投资、进度、环水保等的控制目标；②施工场地布置及文明施工控制措施；③施工方案、施工方法、施工工艺；④投入现场的施工机械设备、人员；⑤质量、环水保管理体系；⑥施工过渡方案等	同附件 3.1
5	审查《主要进场人员报审表》	审查施工单位《主要进场人员报审表》，提出审查意见并留存。对施工过程中的管理人员到岗情况进行不定期检查	
6	审核《进场施工机械、设备报验表》	按照施工承包合同、批准的工程进度计划等的要求，审核施工单位提交的《进场施工机械、设备报验表》，提出审查意见并留存。对施工过程中的机械设备情况进行不定期检查	

续表

序号	基本工作要求	量（细）化要求	参照格式
7	进场材料进行验收	按程序对进场材料进行验收，严禁先用后检；进场材料台账准确齐全；按工程施工质量验收标准要求的频率进行见证检验或平行检验；材料检验质量证明文件和试验报告齐全；监理见证检验台账、平行检验台账准确齐全	
8	审查《工程开/复工申请表》	审查施工单位《工程开/复工申请表》，提出审查意见并留存。审查内容应包括：①施工组织设计已审批；②项目经理、技术负责人、其他技术和管理人员已到位，主要施工设备、施工人员已进场，主要工程材料已落实；③进场道路及水、电、通信等已满足开工要求；④经审核的设计文件已到位；⑤工程复测或施工放样已完成；⑥涉及营业线的施工手续已完成等	
9	核查施工单位工地试验室	按铁总或建设单位的要求，核查施工单位工地试验室，书面提出核查意见。核查内容应包括：①试验室资质及试验范围；②法定计量部门对试验设备出具的检定证明；③试验室管理制度；④试验室人员资格证书；⑤试验项目要求、试验环境要求等	
10	按建设单位要求，审查分包单位资质，并将审查结果报建设单位核备	—	
11	1. 监理日常巡视检查过程中发现施单位有违反工程建设强制性标准的行为，应书面指令施工单位立即整改；发现其施工活动可能或已经危及工程质量的，采取应急措施，及时向上级报告，必要时总监理工程师下达暂停施工指令。	各层级监理人员月度现场质量检查量化要求（可与安全检查合并）。	

续表

序号	基本工作要求	量（细）化要求	参照格式
11	2. 巡视检查应包括：①是否按设计标准、工程设计文件、批准的施工组织涉及和方案施工；②使用的原材料和混合料、构配件和主要施工机械是否与批准的一致，是否合格；③施工现场管理人员、质检人员是否到岗到位；④施工人员技术水平、施作条件是否满足工艺操作要求，特种作业人员是否持证上岗；⑤施工环境情况；⑥已施工部门是否存在质量缺陷；⑦质量、安全、环保、施工标准化等措施是否落实，施工自检和工序交接是否符合规定	1. 地铁项目 项目总监对管内全部工点进行巡视检查，每月不低于 2 次；副总监、安全监理工程师不低于 4 次；其他现场监理人员应每日检查。上级（公司或建设单位，下同）认定的极高风险、高风险工点须增加检查频率。所有检查情况须形成专项书面检查资料，或记录于《监理日记》《监理日志》内，并明确整改要求，限时闭合或按上级要求处置。 2. 铁路项目 项目总监对管内全部工点进行巡视检查，每月不低于 1 次；副总监、安全监理工程师不低于 2 次；其他现场监理人员应每日检查。上级认定的极高风险、高风险工点须增加检查频率。所有检查情况须形成专项书面检查资料，或记录于《监理日记》《监理日志》内，并明确整改要求，限时闭合或按上级要求处置。 3. 房建、市政等项目 项目总监对管内全部工点进行巡视检查，每月不低于 4 次；其他监理人员应每日检查。所有检查情况须形成专项书面检查资料，或记录于《监理日记》《监理日志》内，并明确整改要求，限时闭合或按上级要求处置。 4. 公路项目 监理工程师应采取以巡视为主的方式进行施工现场监理，按计划定期或不定期巡视施工现场，对施工的主要工程每天不少于 1 次，并填写巡视记录，并明确整改要求，限时闭合或按上级要求处置	

续表

序号	基本工作要求	量（细）化要求	参照格式
12	施工单位拒不签收、执行、回复监理工程师通知单的处置	施工单位拒不签收、执行、回复监理工程师通知单时，现场监理人员须：①上报监理项目部，由项目部处置并回复现场监理；②施工单位拒不执行项目部指令，项目总监应签发下道工序的暂停令（非单位工程暂停令），暂停不合格工程的验收及验工计价，暂停相关砼开盘令，并书面告知施工单位；③施工单位仍拒不执行的，书面并口头向建设单位安质部负责人汇报，签发工程暂停令，按协商后意见执行。④处置过程应保存所有书面资料，做好书面记录，并归档备案	
13	监理项目部须定期检查监理试验室及试验检测工作开展情况	项目部组织每月检查，包括：①试验人员到岗情况；②仪器设备使用及标定情况；③检测工作开展情况，检测频率是否达标；④试验报告中的项目、结论、签发是否规范，台账是否准确	
14	隐蔽工程按规定程序进行检查，严禁未检、漏检、待检，隐蔽检查不合格，严禁下一道工序施工。隐蔽验收应同时签署施工质量验收资料，严禁事后补签。按建设单位的要求留存影像资料	1.项目总监进行现场隐蔽检查每月不少于1次；副总监每月不少于2次；监理组长不少于4次。 2.对于连续两次未通过隐蔽验收的工序，应由施工单位项目技术负责人向项目总监或副总监报验	
15	按监理规范及建设单位的要求，组织各级监理人员进行检验批、分项、分部、单位工程验收，按程序签署《质量验收记录》	—	

续表

序号	基本工作要求	量（细）化要求	参照格式
16	在公司、建设单位等上级单位组织的现场检查中，发现一般质量问题，监理必须事前书面指令整改（口头指令不予承认）。发现重要问题虽经书面指令，但施工单位未及时整改的，监理必须事前书面向上级报告	—	
17	定期召开本项目“工地例会”或“监理例会”（可与安全分析会一并召开）。定期召开质量专题剖析会	1. 监理项目每月至少召开一次“工地例会”或“监理例会”（可与监理例会合并）。明确上期工作落实情况、本期主要问题及措施，形成“会议纪要”上报并留存	附件4.6
		2. 监理项目每季度至少召开一次质量专题剖析会。对具有倾向性、典型性、隐患突出的质量问题，应适时召集质量专题剖析会，提出明确整改措施及要求，并组织整改落实，形成书面会议纪要，上报建设单位	附件4.7
18	按公司要求，监理项目定期开展安全质量检查，建立项目安全质量问题库	安全质量问题库按月更新。明确整改措施、责任人、整改期限等，并贯彻落实	附件3.3
19	按照公司及建设指挥部相关要求，开展质量专项工作	严格落实工作要求，及时准确提报工作报告、总结等及各类统计报表	
20	审核施工进度计划	组织审核施工单位施工进度计划；对施工进度的实施情况进行跟踪检查和分析；当发现偏差时，及时指令承包单位采取措施纠正	
21	审核计量与支付	按照合同约定及规范要求开展计量与支付审核工作，确保计量准确，程序合法	

续表

序号	基本工作要求	量（细）化要求	参照格式
22	内部培训	监理项目部应针对工程项目的特点和实际进度，按月开展月度培训交底工作，对工序验收、隐蔽工程验收的检查内容和标准进行重点强调，制订质量卡控要点提示清单，提高现场监理检查验收质量。“月度培训”应做到有教案、有记录、有测验	
23	总监应定期进行工作汇报（可与安全汇报合并）	项目总监每月至少向建设单位安质部门负责人当面汇报一次，并提交书面报告。每季度至少向建设单位分管领导当面汇报一次，并提交书面报告	附件4.8

注：月度“监理例会”“工地例会”、监理月度等监理规范规定的内容，按相关规范及建设单位要求执行，不另做量化要求。

（三）相关参考模板

附件 4.1：监理项目应建立的工作制度目录

附件 4.2：旁站监理记录表

附件 4.3：监理日志、监理日记、监理工程师通知单

附件 4.4：监理月报

附件 4.5：项目业绩证明模板、人员业绩证明模板

附件 4.6：工地例会会议纪要

附件 4.7：专题剖析会会议纪要

附件 4.8：项目总监汇报材料

附件 4.1

监理项目应建立的工作制度目录

1. 设计文件、图纸审查制度；
2. 测量控制点交接制度；
3. 测量监控制度；
4. 开工报告审批制度；
5. 分包单位资质审查制度；
6. 施工组织设计（方案）审核制度；
7. 从业人员资格审查制度；
8. 设计图纸检查、审查制度；
9. 技术交底制度；
10. 设计的技术磋商制度；
11. 变更设计管理制度；
12. 设计变更审查制度；
13. 监理实验室管理制度；
14. 教育培训制度；
15. 监理人员考核制度；
16. 工程质量检验制度；
17. 材料、构配件及设备进场复验制度；
18. 混凝土及砂浆试块制作与管理制度；
19. 隐蔽工程检查制度；
20. 工程质量监理制度；
21. 平行和见证检验制度；
22. 工程过程检验验收制度；
23. 日常巡视检查制度；
24. 旁站制度；
25. 进度管理制度；
26. 验工计价审查制度；

27. 安全文明施工检查制度；
28. 安全质量事故（事件）报告和处理制度；
29. 安全质量责任追究制度；
30. 监理“十严禁”质量安全红线管理制度；
31. 危险性较大工程管理制度；
32. 安全技术管理制度；
33. 安全教育培训制度；
34. 应急救援预案审查制度；
35. 施工安全监理资料管理制度；
36. 安全例会制度；
37. 大型施工机具安全管理制度；
38. 监理报告制度；
39. 环保工作制度；
40. 监理报表制度；
41. 监理日志、监理工作会议制度；
42. 监理月报和监理总结制度；
43. 工程竣工验收制度；
44. 监理信息资料管理制度；
45. 监理日记和文档管理制度；
46. 监理工作报告制度；
47. 监理例会制度；
48. 量化管理制度；
49. 费用监督制度；
50. 技术创新制度；
51. 党风廉政建设管理制度；
52. 监理“三集体”制度。

附件 4.2

旁站监理记录表

工程项目名称： 施工合同段： 编号：

<table>
<tr><td>日期</td><td></td><td>气候</td><td></td><td>工程地点</td><td></td></tr>
<tr><td colspan="2">旁站监理部位或工序</td><td colspan="4"></td></tr>
<tr><td colspan="2">旁站监理开始时间</td><td colspan="2"></td><td>旁站监理结束时间</td><td></td></tr>
<tr><td colspan="6">施工情况：
1. 现场技术员、质检员、安全员、试验员，施工人数。
2. 混凝土强度等级为C ，坍落度 mm，含气量 %，入模温度 ℃，插入式振捣器台。
3. 混凝土使用搅拌站，罐车运输，砼运输时间及出料单符合要求，施工配合比 ；报告单编号： 。
4. 振捣器台，采用输送泵导入模内，分层摊铺，振捣良好。
5. 现场制作试块组，编号： 。</td></tr>
<tr><td colspan="6">监理情况：
1. 经监理检验，主筋间距，纵筋间距，钢筋连接。纵环向止水带（是□否□）安装符合要求、防水板铺设（是□否□）符合要求、纵环向盲管（是□否□）安装符合要求，二次衬砌砼厚度（是□否□）符合设计及规范要求，同意浇筑混凝土施工。
2. 监理人员负责旁站监理。施工前检查了施工安全、技术交底情况，设备性能良好，特种作业人员证件齐全。
3. 混凝土浇筑过程（是□否□）正常，（是□否□）符合施工工艺要求。
4. 施工人员（是□否□）严格按指导书作业，施工期间（是□否□）安全无事故。
5. 见证防水板焊接气密性检测（是□否□）符合要求。
6. 混凝土设计方量 m^3，混凝土实用方量 m^3</td></tr>
<tr><td colspan="6">发现问题：</td></tr>
<tr><td colspan="6">处理意见：</td></tr>
<tr><td colspan="6">备　　注：</td></tr>
<tr><td colspan="6">旁站监理人员：
年　月　日</td></tr>
</table>

附件 4.3

监 理 日 志

工程项目名称：××　　　　施工标段：××　　　　监理站：

日 期：	天气：（晴、阴、雾、雨、雪，环境温度）

一、当日施工情况：

×××。

二、当日主要监理工作：

×××。

三、其他有关情况：

×××。

监理日记

日期：　　年　　月　　日

气温：最高　　℃ 最低　　℃	气象：晴□阴□雨□雪□	降雨/雪（大□中□小□）

一、施工情况

1. 施工进展情况

1）××桥××桩基混凝土施工……

2）××段路基填筑。

2. 施工机械进出场情况

塔吊×台、汽车吊×台、振捣器××台。

3. 施工人员动态

技术员××，质检员 ××，安全员××，作业工人×人。

4. 进场材料、构配件的数量及质量情况等

进场防水板××卷，规格××，厂家××

一、监理情况

1. 验收情况

1）对××大桥××墩××承台进行了验收，同意进入下道工序。

2）……

2. 旁站情况

1）××点到××点对××桥××承台混凝土施工进行了旁站。

2）……

3. 巡视检查情况

1）上午××点对××工地进行了巡视检查，发现了××问题，提出了××整改意见，已督促施工单位进行了整改。

2）……

4. 下发的监理指令

1）监理工程师××对××隧道进行了巡视检查、发现了××质量（安全）隐患，下发监理工程师通知单2018（××）号，督促施工单位进行整改。（注意资料闭合）

2）……

5. 发现的问题处理情况

1）昨日发现××问题今日已整改完成。

2）……

二、其他（上级单位指示或指令，建设单位相关要求、参加会议、尚需解决的问题及意见等）

1）××施工单位新进场人员未及时进行三级安全教育及技术交底，要求及时进行三级安全教育及技术交底。（注意资料需闭合）

2）……

记录人：

监理工程师通知单

工程项目名称： 施工合同段： 编号：

<table>
<tr><td>致（承包单位）
事由：关于……的通知

通知内容：××××年×月×日检查发现存在以下问题：
1.
2.
（最好相关问题附照片说明）
整改要求：
1.
2.
以上问题，要求你部高度重视，……，限×日内整改完成并将整改结果书面报×××复查。

专业监理工程师
年 月 日 时</td></tr>
<tr><td>收件人
年 月 日 时</td></tr>
</table>

注：本表一式 4 份，承包单位 2 份，监理单位、建设单位 1 份。

附件 4.4

××工程土建施工监理××合同段工程

监 理 月 报

年　　度：××年

月　　份：××月

总监理工程师：

××工程土建施工监理××合同段总监办

××年××月××日

××工程土建施工监理××合同段工程

××年××月份

监　理　月　报

编　写：

复　核：

批　准：

××年××月××日

目 录

一、本月施工概况

××。

二、工程进度情况，重点、控制工期工程应详细说明

××。

三、工程质量、安全情况

××。

四、变更设计

××。

五、质量、安全事故

××。

六、监理工作

××。

七、监理人员名单

××。

八、存在问题及建议

××。

九、下月工作重点

××。

附件 4.5

项目监理业绩证明表

<table>
<tr><td rowspan="9">监理工程</td><td>工程名称</td><td colspan="3"></td></tr>
<tr><td>工程地址</td><td colspan="3"></td></tr>
<tr><td>工程规模</td><td colspan="3"></td></tr>
<tr><td>工程造价/监理费用</td><td>万元</td><td>工程类别/设计时速</td><td></td></tr>
<tr><td>合同工期</td><td></td><td>实际工期</td><td></td></tr>
<tr><td>建设单位</td><td colspan="3"></td></tr>
<tr><td>设计单位</td><td colspan="3"></td></tr>
<tr><td>施工单位</td><td colspan="3"></td></tr>
<tr><td>监理单位</td><td colspan="3"></td></tr>
<tr><td colspan="2">监理公司人员投入情况
（注明职位）</td><td colspan="3"></td></tr>
<tr><td colspan="5">监理工程情况</td></tr>
<tr><td colspan="5">填写内容
铁路工程
一、标段总体概况：设计时速、建设标准（高速铁路、客运专线、普速铁路、客货共线、单线/双线等）、管段长度、工程包含内容（如路基、桥梁、隧道、站场、通信、信号、电气化、电气牵引供电、房建、铺轨、梁场、轨枕场、铺轨基地、上跨或临近既有线施工等）、工程环境和地质情况（涉及特殊地质：岩溶、突泥、突水、瓦斯、黄土、高地应力、滑坡、泥石流）等其他需要突出点明的内容。
二、工程内容明细：
（一）路基工程：路基长度、路基宽度、路基类型（路堤、路堑）、特殊地质路基明细（黄土、岩溶、滑坡、泥石流、落石等）等。
（二）桥梁工程：桥梁数量/长度、涉及的桥梁类型（连续梁/刚构、斜拉桥、钢结构、拱桥、转体、预制箱梁/T 桥、现浇梁、挂篮施工等）；特殊重点桥梁明细（分单个桥梁说明）：名称、长度、特殊地质和环境（岩溶、黄土、深水等）、桥梁主跨长度、梁跨度布置、梁体类型、施工工法、跨越既有线/公路等情况。
（三）隧道工程：隧道数量/长度；特殊重点隧道明细（分单个隧道说明）：名称、线型（单洞单线、单洞双线）、开挖面尺寸（面积）、工法、特殊地质与环境（岩溶、突泥、突水、瓦斯、黄土、高地应力、滑坡、泥石流、坍塌）、下穿特殊构筑物情况、风险等级等情况。</td></tr>
</table>

<table>
<tr><td colspan="2">（四）站场工程：建筑面积、结构类型（如钢结构）等。
（五）四电工程：四电工程长度、房建工程内容。
（六）轨道工程：铺轨长度、轨道类型（有砟、无砟）、长轨长度等。
（七）大临工程：梁场名称、轨枕预制场名称、铺轨基地名称等。
（八）项目获奖情况。
（九）其他特殊需要突出点明的内容。

城市轨道工程

房建工程

市政工程</td></tr>
<tr><td>建设单位评价</td><td>建设单位对监理服务评价：

□非常满意　□满意　□一般　□差

（公章）
年　月　日</td></tr>
</table>

个人监理业绩证明表

个人信息	姓名			
	职务			
	任职时间			
监理工程	工程名称			
	工程地址			
	工程规模			
	工程造价/监理费用	万元	工程类别/设计时速	
	合同工期		实际工期	
	建设单位			
	设计单位			
	施工单位			
	监理单位			
监理公司人员投入情况（注明职位）				
监理工程情况				

填写内容

铁路工程

一、标段总体概况：设计时速、建设标准（高速铁路、客运专线、普速铁路、客货共线、单线/双线等）、管段长度、工程包含内容（如路基、桥梁、隧道、站场、通信、信号、电气化、电气牵引供电、房建、铺轨、梁场、轨枕场、铺轨基地、上跨或临近既有线施工等）、工程环境和地质情况（涉及特殊地质：岩溶、突泥、突水、瓦斯、黄土、高地应力、滑坡、泥石流）等其他需要突出点明的内容。

二、工程内容明细：

（一）路基工程：路基长度、路基宽度、路基类型（路堤、路堑）、特殊地质路基明细（黄土、岩溶、滑坡、泥石流、落石等）等。

（二）桥梁工程：桥梁数量/长度、涉及的桥梁类型（连续梁/刚构、斜拉桥、钢结构、拱桥、转体、预制箱梁/T 桥、现浇梁、挂篮施工等）；特殊重点桥梁明细（分单个桥梁说明）：名称、长度、特殊地质和环境（岩溶、黄土、深水等）、桥梁主跨长度、梁跨度布置、梁体类型、施工工法、跨越既有线/公路等情况。

（三）隧道工程：隧道数量/长度；特殊重点隧道明细（分单个隧道说明）：名称、线型（单洞单线、单洞双线）、开挖面尺寸（面积）、工法、特殊地质与环境（岩溶、突泥、突水、瓦斯、黄土、高地应力、滑坡、泥石流、坍塌）、下穿特殊构筑物情况、

<table>
<tr><td colspan="2">风险等级等情况。
（四）站场工程：建筑面积、结构类型（如钢结构）等。
（五）四电工程：四电工程长度、房建工程内容。
（六）轨道工程：铺轨长度、轨道类型（有砟、无砟）、长轨长度等。
（七）大临工程：梁场名称、轨枕预制场名称、铺轨基地名称等。
（八）项目获奖情况；
（九）其他特殊需要突出点明的内容。

城市轨道工程

房建工程

市政工程</td></tr>
<tr><td>建设
单位
评价</td><td>建设单位对监理服务评价：

□非常满意　□满意　□一般　□差

（公章）
年　月　日</td></tr>
</table>

附件 4.6

工地例会会议纪要

工程项目名称：××标　　　　　　　　　　　　　　编号：××

时　间：××××年××月××日　开始：××：××　结束：××：××
主持人：××
会议地点：××
参会人员： ××、××、××、××、××、××等（详见会议签到表）
主要议题：××××××××××××
纪要内容： 一、总体情况 二、上期会议落实情况 三、存在的主要问题 四、下一步相关工作要求 1. 2. 3. ××项目××标监理项目部 ××年××月××日

附件 4.7

专题剖析会会议纪要

工程名称：××　　施工标段：××标　　编号：××

时间：××年××月××日　　开始：××：××　　结束：××：××
主持人：××
主要议题：×××××××××××
参加单位及人员： ××、××、××、××、××（详见会议签到表）
纪要内容： 　××，形成纪要如下： 　×××。
记录整理：××
主送：××、×× 抄送：××

附件 4.8

××项目部

监理工作汇报材料

××年××月××日

总监工作汇报材料

各位领导上午/下午好：

我们总代已向各位领导把现场的突出问题已进行了汇报，我作为××项目的总监现对本标段监理工作情况进行补充，并对巡视发现的问题和下月的工作重点向各位领导进行汇报，如下：

一、监理工作情况

××，监理项目部做了如下安排：

1. ×××××××××××××××××××××××××××××××××××××。

2. ×××××××××××××××××××××××××××××××××××××。

3. ×××××××××××××××××××××××××××××××××××××。

……

二、现场巡视情况及发现的主要问题

问题1：×××××××××××××××××××××××××××××××××。

措施：×××××××××××××××××××××××××××××××××。

问题 2:×××××××××××××××××××××××××××××
×××。

措施：×××××××××××××××××××××××××××××
×××××。

……

三、下月度监理管理工作的重点

1. ×××××××××××××××××××××××××××××××
×××。

2. ×××××××××××××××××××××××××××××××
×××。

3. ×××××××××××××××××××××××××××××××
××××。

……

四、对指挥部质量、安全管理方面的建议

1. ×××××××××××××××××××××××××××××××
××××。

2. ×××××××××××××××××××××××××××××××
××××。

3. ×××××××××××××××××××××××××××××××
××××。

……

五、信用评价管理

（一）工作目标

1. 在业主组织的考核评价中，项目排名不得在后三分之一，杜绝因监理工作的原因导致建设方约谈公司领导的事件发生。

2. 铁路基本建设项目，杜绝重大及较大监理不良行为，一个评价周期内，一般不良行为不得超过1次。

3. 杜绝造成公司被建设单位拉入黑名单或停标事件的发生。

（二）基本工作要求

序号	基本工作要求	量（细）化要求	参照格式
内控要求			
1	监理项目部组织全体监理人员宣贯、学习有关项目信用评价和检查考评考核等的管理办法、制度文件和实施细则等。宣贯学习形成书面记录，留存归档备查	监理项目组建完成，或各级单位发布关于信用评价和检查考评考核相关管理办法、实施细则等第一时间组织全体监理人员进行宣贯学习。重点解读信用评价、检查考评考核的周期、方式方法、评分扣分重点项、其他文件规定的重要内容等，以利项目实施过程中有针对性落实相关措施和避免扣分问题出现。项目实施过程中，每半年至少组织一次集中学习宣贯，强调过程管控	
2	提前作好迎检部署工作	对迎检提前作分工安排和人员布置，如外业组、内业组、试验组等，提前对迎检人员作培训和交底，注重迎检方式和技巧。提前将内业资料整理汇总并分类，以便检查时能够及时查找提供，安排专人对资料进行管理。负责解释和答疑的监理人员应对专业、内业资料及实际情况熟悉和掌握，不能盲目作答，遇到无法作答的情况，要立即向总监报告，总监立即采取补充作答、补充提供资料、解释等补救措施，必要时与建设单位沟通汇报解决	

续表

序号	基本工作要求	量（细）化要求	参照格式
3	信息跟踪、反馈及奖惩	1. 信用评价和考评考核结束后，项目部加强评价结果的信息跟踪和反馈。如铁路项目建设单位上报信用评价分数，地铁建设单位打分考核排名等，并及时向公司进行情况反馈。正式结果公布后，第一时间将正式文件按公司管理要求上报公司。 2. 对于考评考核通报文件反映监理自身存在的扣分问题要进行通报，项目部要组织进行专题研究，分析原因，通报责任人员，必要时按公司及项目部管理制度进行处罚，以示惩戒，同时制订措施落实整改，并制订防范措施，杜绝因为类似问题再次发生	
外控要求			
1	加强与建设单位及建设单位设置的现场生产指挥机构的沟通协调	1. 项目总监每周至少向建设单位现场生产指挥机构负责人汇报一次。 2. 每月至少向建设单位分管安质工作的部门负责人当面汇报一次，并提交书面报告（可与安全质量汇报合并，下同）。 3. 每季度至少向建设单位分管领导当面汇报一次，并提交书面报告（可与安全质量汇报合并，下同）	附件 3.9 或 附件 4.8
2	做好信用评价迎检准备工作。在信用评价和考评考核检查前，按照相关办法，项目部进行预考核，对照标准梳理存在的问题，督促施工单位限时整改完成，属于监理自身存在问题，制订整改措施限时整改完成，包括施工现场整改和内业资料完善等方面，对于暂时不能整改的完成，要加强与建设单位和施工单位的沟通，做好解释工作	按照铁路半年一次信用评价和地铁项目每个季度检查考评考核的频率，在正式信用评价和考评考核进行之前，项目部提前半月至一月对施工单位和监理项目部自身对照进行预检查。内容应涵盖信用评价管理办法和建设单位考评考核管理办法规定的全部内容，并结合上期检查揭示问题和日常检查中存在的突出问题进行整改	

续表

序号	基本工作要求	量（细）化要求	参照格式
3	施工监理过程中，严格事前及事中控制，强化迎检工作，避免和减少各级检查中信用评价扣分情况	项目部月度自查中要特别注重以下工作： 1. 项目部监理人员名册及有效证件（复印扫描件）的收集归档。人员变更及批复文件的完善。 2. 检测试验仪器、条件达到精度或标准要求。严禁监理试验室超委托授权范围开展试验，或试验报告签批人未经授权。 3. 严格对标审核施工组织设计或专项施工方案，书面审核意见须留存。 4. 编制本项目《旁站实施细则》并贯彻落实，明确旁站监理内容，规范旁站记录填写。 5. 严格按规定的频率进行监理见证及平行试验。 6. 严格检验批签署时限，规范签署内容。 7. 现场存在的质量安全问题须及时签发监理通知单。对监理通知书提出的问题须督促施工单位进行整改闭合，及时向建设单位报告施工单位拒不整改的重要问题。 8. 规范《监理日记》《监理日志》的记录填写。严禁漏记。 9. 隐蔽工程按规定留存影像资料	
4	杜绝监理出现较大、重大不良行为及导致公司停标的违规行为	1. 杜绝监理责任安全、质量事故（按安全管理、质量管理相关要求执行）。 2. 严禁关键部位或关键工序未按规定进行旁站，不填写旁站记录。 3. 严禁不进行现场检验签署质量验收资料。严禁未按规范对隐蔽工程进行检查验收签认。严禁对隐蔽工程进行检查验收而由他人代签或事后补签验收记录的。 4. 严禁对上级检查提出的问题或监理通知书提出的问题实际未整改但签认整改闭合。 5. 严禁监理试验室未进行检验试验出具虚假试验报告。 6. 严禁未核实验工计价资料就签认验工计价单。 7. 严禁违反廉政纪律的行为（按廉政建设要求执行）	

续表

序号	基本工作要求	量（细）化要求	参照格式
5	严格落实《铁路建设项目质量安全红线管理规定》，杜绝违反规定导致公司停标的情况	1. 组织全员对铁路建设项目质量安全红线管理规定、建设单位及公司关于红线管理的要求等进行宣贯培训学习。 2. 按要求制订项目关于质量安全红线管理规定落实的实施细则等。 3. 强化质量安全管理，严格落实施工监理管控，坚决避免触碰红线管理规定。 4. 按照制订的方案开展红线管理规定落实情况的专项检查，建立健全红线问题库，及时更新，并按要求时间节点等报建设单位。 5. 对于检查揭示的红线问题，按程序进行确认，书面通知施工单位整改，督促施工单位建立健全红线问题库（包含施工单位自查、监理检查、建设单位检查、第三方检测及主管部门检查等揭示红线问题）。 6. 督促施工单位制订红线问题整改措施，明确责任人，要求整改时限等关键要素，督促整改、复查整改情况，留存整改及复查资料存档，要求红线问题闭合、资料齐全，问题库及时更新。 7. 定期对红线管理规定开展工作、落实情况进行总结，提炼好的做法和制订典型问题、通病问题治理和预防措施，形成书面总结资料，及时报建设单位和留档备查等。 8. 作好国铁集团一年两次的质量安全红线管理规定落实情况专项检查迎检准备和迎检工作，并及时进行信息反馈和总结	
6	加强项目管理创新，为信用评价加分创造良好条件	1. 多渠道了解掌握目前项目管理中存在的问题，如施工质量安全监理管控情况，监理工作效果，建设单位满意度、项目员工工作和生活状态等。	

续表

序号	基本工作要求	量（细）化要求	参照格式
6	加强项目管理创新，为信用评价加分创造良好条件	2. 从项目管理思想、管理制度、管理方法上寻求改变、突破和创新，打破陈旧思维、引进先进管理理念和成功管理经验，并及时向建设单位汇报和沟通，最大限度地争取建设单位对管理创新工作的支持。 3. 先进管理理念和成功管理经验运用到项目管理中，不断修改、重复、提炼、总结，直到解决项目管理中存在的问题，最后形成最佳的项目创新管理。 4. 项目管理创新过程中，随时主动向建设单位汇报创新管理思路、解决的问题，创新管理效果、成果等，创新管理改善质量安全监理管控效果，提高建设单位满意度，为信用评价加分创造良好条件	
7	对信用评价和考评考核存在问题的总结整改	信用评价和考评考核结束后，项目部及时分别组织施工单位和监理人员进行总结会，对检查揭示的问题，包括其他标段典型问题进行通报，分析原因，制订整改措施限时完成整改，并在以后的工作中采取主动预防措施，举一反三、加以防范。同时总结迎检经验教训，以指导下周期迎检准备和迎接工作	

（三）相关参照模板：无

六、物设管理

（一）工作目标

1. 规范项目监理机构房屋、车辆租赁，办公用品物资采购管理、使用管理，满足正常监理工作需要。

2. 优化资源配置，加强资产管理，充分发挥使用效能。

（二）基本工作要求

序号	类别	基本工作要求	量（细）化要求	参照格式
1	房屋租赁	房屋新租及续租须提前 1 个月向公司申请（新建项目除外）。项目指定专人进行管理，严禁迟报、漏报。项目在申请批复后一个月内将合同及合同评审寄回公司安全生产部	1. 申请租赁前审核拟租赁房屋是否为房东本人出租，是否有房屋产权证明，避免因违规转租以及其他原因产生纠纷。 2. 提前到当地税局管理部门了解开具发票有关要求及税率。 3. 提前熟悉公司房屋租赁合同范本，租赁合同需满足相关要求，租金支付原则上不得使用现金支付	
2	车辆租赁	在选择租赁车辆时，项目须充分考虑所租用车辆车况及使用的经济性，确保行车安全和使用经济，严禁租用车况不好、使用成本高（如油耗大、修理费高等）的车辆；不得租赁公司在岗人员购置的车辆；原则上不得租赁购车价在二十万元及以上价格的车辆	不得租赁： 1. 未经审验合格的车辆。 2. 已使用 8 年以上或行驶里程超过 30 万公里的车辆。 3. 投保不满足要求的车辆。 4. 车辆所有人身份不明的车辆。 5. 存在严重安全隐患的车辆	

续表

序号	类别	基本工作要求	量（细）化要求	参照格式
3	车辆管理	车辆使用过程中加强对驾驶员的管理，用车调度管理，车辆安全管理，车辆维修保养管理	1. 项目应选择有良好的政治素质和较高责任心的驾驶员，且具有一定的车辆保养和检修技能；对驾驶人员定期进行安全意识教育，并做好学习记录台账。 2. 项目监理机构车辆调度指定部门或专人进行调度安排，未经同意，驾驶人员不得以任何理由驾车外出或将驾驶的车辆交他人使用。管理人员做好派车记录台账。 3. 用车前特别是长途行驶前，要对车辆的基本情况，如轮胎、机油、刹车等情况进行检查。 4. 对车辆的维修保养应考虑技术全面、价格合理，并能开具增值税专用发票的修理厂家。 4. 发生交通事故，及时报案，并配合交警部门和保险公司进行处理、理赔	
4	物资采购及保管	1. 办公用品等物资采购严格按照“中国中铁网上商城（即鲁班商城）采购为主，其他方式采购为辅”“先计划，再审批，后采购”的原则进行办公用品、物资设备采购。 2. 必须取得增值税专用发票（经审核同意取得普通发票的特殊情况除外）。 3. 如申请进行线下采购前必须严格落实比价程序	1. 项目监理机构必须向物资购置人员进行采购交底，杜绝补申请及应取得而未取得增值税专用发票的情况发生。 2. 建点进行线下采购时应多进行调研比较。 3. 除项目建点等特殊情况外每季度报送一次采购计划，项目负责人须对采购计划认真进行审核，厉行节约，杜绝采购私人用品。 4. 对于可重复使用低值易耗品[300元以上5000元以下（不包含5000元）且可以多次使用但不能列入固定资产管理的物品]，定期盘点并填写可重复使用低值易耗品台账，注明保管人，报公司安全生产部汇总。低值易耗品的发放，须领用人在领用单上签字，可重复使用低值易耗品还需在物品上贴铭牌。有处理价值的低值易耗品报废时残值应交回公司财务会计部；不能交回的，须进行说明。员工调离须将需归还的低值易耗品交回原处	

续表

序号	类别	基本工作要求	量（细）化要求	参照格式
5	固资保管	1. 对于使用寿命超过一个会计年度（一年），单位价值在5000元及以上的固定资产。项目监理机构要设立专（兼）职人员进行管理，建立固定资产分台账。 2. 固定资产须取得增值税专用发票	1. 固定资产应定期检查其实用状态，及时进行维护、维修。 2. 固定资产采取“谁使用、谁保管”的原则，使用者具有保全与维护责任，使用者不得擅自委托他人保管。 3. 固定资产每年末进行一次盘点，对盘盈、盘亏、毁损和提前报废的固定资产，固定资产管理部门要查明原因，分清责任，属于人为原因丢失或损坏的，追究相应责任	
6	固资报废	报废固定资产时，由申请报废单位填写报废申请表，经批准后，由使用单位按程序和规定实施报废。若需出示专业评估单位报告的固定资产处置同时提供专业评估机构报告	1. 固定资产不得闲置，应及时联系公司安全生产部进行调配。 2. 报废条件：对主要结构和部件损坏严重无法修复的，或修复费用过大、不经济的；因设备陈旧、技术性能低、无利用改造价值的；因事故及意外灾害造成严重破坏，无法修复的；因改建、扩建工程需要，必须拆除且无利用价值的；因能耗过大，无法改造，继续使用得不偿失的；因环境污染超过标准，无法改造的；国家明令淘汰的；应进行报废的。 3. 对不按规定擅自处理报废固定资产的项目，要追究责任，对项目或个人处以罚款。 4. 处理款交财务并进行账务列销处理	
7	油卡管理	项目监理机构用车加油原则上必须办理加油卡，由财务部对公转账支付燃油费。零星加油必须经审核后报销	1. 加油卡使用燃油发票必须开具增值税专用发票。 2. 零星加油申请需写明未使用加油卡加油日期、金额、原因，报安全生产部进行审核	

（三）相关参照模板：无。

七、成本管理

（一）工作目标

为强化公司项目成本管理，构建科学有效的项目成本管理体系，保证成本控制在经公司审批的责任成本目标内，持续提升公司和项目成本管理水平与和盈利、创效能力。

（二）基本工作要求

序号	基本工作要求	量（细）化要求	参照格式
1	项目责任成本预算编制及目标责任书签订	1. 项目进场2个月内将《项目成本策划书》上报成本管理部（特殊情况可在项目进场后的4个月内上报）。 2. 公司下达项目责任成本管控目标后，与项目签订《项目目标管理责任书》，项目依据目标开展成本管理	
2	配合项目效益考核工作。项目应及时上报实际开累成本、开累到款、确认营业额等三项基础数据给责任管理部门	项目应于次年1月26日前书面（项目负责人签字并加盖项目公章后的扫描件）上报三项基础数据给公司： 1. 实际开累成本（数据统计时间截止每年12月31日）； 2. 开累到款（数据统计时间为截止次年1月25日）； 3. 确认营业额（数据统计时间为截止次年1月25日）	
3	项目责任成本目标分解。项目应根据项目责任成本总目标合理细化分解，按项目大小和年度制订总体分解计划，并每年进行调整	1. 对于合同额较大的项目或下设的监理分站（组）对应1个或多个独立划分施工标段的项目等，项目可将责任成本进行二次分解，即可由项目部在公司下达的项目责任成本管控目标内，对各分站（组）分别下达责任成本管控目标并签订项目目标管理责任书，明确责任及核算、考核、奖惩措施。	

续表

序号	基本工作要求	量（细）化要求	参照格式
3	项目责任成本目标分解。项目应根据项目责任成本总目标合理细化分解，按项目大小和年度制订总体分解计划，并每年进行调整	2. 项目制定的总体分解计划和当年的年度分解计划需于公司下达项目责任成本目标后一个月内上报公司成本管理部备案；之后每年12月25日前，项目应将调整的总体分解计划和下一年度的分解计划上报公司成本管理部备案	
4	配合项目成本督导检查工作	1. 每季度进行成本督导检查，同时在成本管控过程中，对发现异常的项目进行针对性的督导检查。 着重督导检查：项目成本督导检查内容，主要涉及（但不限于）项目责任成本预算上报审批，项目营业额确认情况、项目日常成本计量（内部计量）及资金匹配情况、项目甲方合同管理情况、项目车辆配备及费用开支情况、各类成本管理台账建立情况，项目责任成本分析及应对情况等。 2. 项目成本督导检查后，项目填报《成本管控基础数据统计分析表》提交公司。 3. 公司根据对项目的督导检查中发现的问题，下发整改通知，要求项目15日内整改落实到位，公司不定期督查项目的执行情况	
5	监理服务费验工计价计划	1. 项目部应建立项目全周期的计监理服务费验工计价计划，并实施动态调整，确保监理服务费全额收回。 2. 根据公司财务部通知时间，及时编报年度计价、到款和成本预算	
6	项目经济活动分析	项目部按季度开展经济活动分析，由项目负责人组织，结合项目实施情况，分析至少包含以下内容：①项目基本情况（基本概况和利润预算情况）；②上期问题整改落实情况；③项目经营情况（本期和开累经营情况）；④项目收入计量情况；⑤项目责任成本控制情况分析（实际成本与责任成本的偏差情况）；⑥资金分析；⑦本期分析后发现的问题及对策。每季度末的次月10日前报公司财务部和成本部	附件7.3

续表

序号	基本工作要求	量（细）化要求	参照格式
7	清收清欠工作	1. 做好项目全周期（包含每季度/期、年度）的验工计价计划，积极开展计划和催收工作； 2. 做好项目"双清"工作登记管理，每季度初按时上报公司财务会计部《项目"双清"情况统计表》； 3. 积极主动与项目业主联系，了解业主对项目欠款的支付意愿并反馈公司"双清"工作办公室； 4. 加强与项目业主的协调、沟通力度，力争得到业主的理解和支持，早日完成验工计量确权、"清欠"和费用索赔工作； 5. 切实建立"双清"工作开展的项目与公司的联动机制，加强与"双清"工作办公室的联系，及时了解及反映工作中存在的问题，同时为本项目"双清"工作献计献策； 6. 认真领会合同精神，特别是涉及与合同费用调整有关的条款，梳理出索赔条件，收集、整理索赔数据及证据资料，编制索赔报告，组织索赔工作联系及谈判，确保索赔效果； 7. 及时提供技术服务或工程项目施工过程中的设计变更、洽商签证等原始资料和数据，保证证据的完整和准确； 8. 项目进入收尾阶段后，应制订项目尾款、质保金和保证金的清收清欠计划，落实责任人，及时清理收回资金； 9. 履约保函到期应及时办理撤销手续，避免过多占用企业授信额度，释放流动资金	附件 7.4
8	备用金管理工作。建立规范的备用金收支管理台账，按规定打印备用金卡银行流水，规范资金使用和保管，成本费用管理规范、归集及时，及时冲销备用金	1. 按日常备用金和对公转账备用金做好项目全周期（每月/季度/年度）备用金申请计划； 2. 按规定管理备用金账户，建立规范的备用金收支管理台账，按规定每半年打印备用金卡银行流水并寄回公司财务部； 3. 规范备用金资金使用和保管，成本费用管理规范、归集按月及时，及时冲销备用金	《备用金管理办法》

续表

序号	基本工作要求	量（细）化要求	参照格式
9	项目收尾计划报告的批复和竣工结算	1. 项目上报《项目实施情况及收尾计划建议报告》，经总经理办公会通过后按下达，收尾项目监理机构执行。 2. 项目监理机构负责人是项目竣工结算管理第一责任人，项目的计量负责人是具体落实人，要跟踪落实概算清理、竣工清算、外部审价、审计等工作，且不因工作岗位的调整而改变。竣工结算必须报成本管理部审核后才能上报业主	《收尾项目管理办法（试行）》（铁科生产〔2016〕80号）、《项目收尾计划报告的批复》

（三）相关参照模板

附件 7.1：项目管理责任书（范本）

附件 7.2：成本管控基础数据统计分析表

附件 7.3：项目责任成本分析表

附件 7.4：项目“双清”情况统计表

附件 7.1

项目目标管理责任书

川铁科内控　　　号

签订日期：　　年　　月　　日

项目目标管理责任书（范本）

甲方：
乙方：项目部

为加强和规范公司项目目标管理，确保按期、优质、安全地完成项目监理工作任务，实现公司增效、员工增收的目的，根据《建设工程监理项目目标管理办法》的规定，经甲乙双方协商一致，特签订本协议，共同遵照执行。

一、项目概况

项目名称：××××。
项目地点：××××。
建设单位：××××。
施工单位：××××。
合同工期：××××。
监理范围：××××。
监理服务费：××万元。

二、下列文件应视为构成并作为阅读和理解本协议书的组成部分

1. 本责任书及其附件（项目实施过程中的协商补充文件）；
2. 公司下达的项目责任成本管控目标和《项目责任成本预算审核单》及其附件；
3.《项目安全质量环保目标管理责任书》；
4.《廉政责任书》；
5. 公司与项目共同认定应附的其他文件。

上述文件，其支配地位，排列顺序靠前者优先。

三、项目管理目标

本责任书所称的项目管理目标是指公司颁布的《建设工程监理项目目标管理办法》明确的履约管理目标，包括安全目标、质量目标、信用评价目标；

项目内部管理目标，包括成本管理目标、物资设备管理目标、文化建设目标、廉政建设目标、人员管理目标等 8 个项目目标。

（一）项目需围绕“监理项目管理目标”的实现，细化“过程管理”，制定相应的制度和办法、流程，实现管理的“制度化”和“流程化”。

（二）项目应通过严格监督承包人履行施工合同，规范监理工作行为，履行《施工监理合同》，使监理服务完全达到监理合同及行业标准的要求，确保“五控两管一协调”监理工作目标控制在业主要求的范围内，最终达到本项目全部工程符合验收标准的要求。

（三）项目应建立精干高效的监理团队，优化资源配置，确保满足现场监理工作需要，开展全面预算管理，促进节支降耗。加强廉政建设，落实逐级负责制，严格履行监理工作职责和监理职业守则，严格遵守公司各项监理工作管理制度和监理工作纪律，不断提高监理工作质量和业务水平。

（四）项目目标管理除执行公司颁布的《建设工程监理项目目标管理办法》外，尚应执行公司为实现项目管理目标而制订的配套管理制度、办法等的规定。

1. 安全目标

根据项目具体情况，同时满足建设主管部门的规定、项目业主颁布的安全生产目标及公司年度安全生产目标。

2. 质量目标

根据项目具体情况，同时满足建设主管部门的规定、项目业主颁布的质量目标及公司年度质量目标。

3. 信用评价目标

在业主组织的考核评价中，项目排名不得在后三分之一。杜绝建设方约谈公司领导事件发生。

4. 物资设备管理目标

项目的物资设备等资源投入满足正常监理工作的需要。

5. 人员管理目标

加强内部培训工作，切实提高监理人员的工作质量和业务水平。确保不发生责任劳动安全、车辆交通安全死亡及重伤事故。

6. 文化建设目标

构建和谐团队、弘扬企业文化。

7. 廉政建设目标

加强廉政教育，遏制各类违纪行为，确保不发生影响公司社会信用的违纪违法事件。

8. 成本管理目标

（1）施工期（____年___月~______年___月）项目责任成本为__________万元，占有效合同价__________万元的___%。（其中，各分年度的成本预算为：年度成本预算__________万元；年度成本预算___________万元；年成本预算万元；年成本预算__________万元；年成本预算__________万元）。

（2）缺陷责任期（_____年____月~______年____月）责任成本预算为万元，占有效合同价__________万元的___%。

若业主对合同总价进行调整，其项目控制目标成本仍按上述比例进行相应调整。项目责任成本预算中的人员安排是项目及公司根据施工计划进行的理论配置，作为项目成本目标测算之用；实施过程中应根据项目实际进展所需、业主的要求等进行调节或优化配置。

该成本目标值原则上不予调整。但在项目实施过程中，遇到特定情形时，可按有关办法规定的程序、方式进行调整。调整后，再签项目目标管理补充协议书，作为调整后的管理依据。

四、考核和奖励兑现

执行公司下发的《建设工程监理项目目标管理办法》及公司为实现项目管理目标而制订的配套管理制度、办法等。

五、双方的责任、义务和权利

有关双方的责任、义务和权利，除执行公司下发的《建设工程监理项目目标管理办法》外，双方还作出如下特别约定：

1. 甲方负责对乙方的成本列销方式、财务资料整理规定、整理标准进行业务指导，并及时支付成本报销款。乙方未能及时提报成本报销资料或资料不合格，所造成的成本列销延误，其责任由乙方承担。

2. 若因乙方监理工作开展不力或其他自身原因，导致监理工作不能正常进行（如业主要求更换总监和骨干监理人员或大幅度补充骨干监理人员等）时，甲方有权更换乙方项目管理班子及相关人员。当出现此种情形时，取消乙方当期考核奖励资格，同时甲方保留追究有关责任人的权力。

3. 乙方应采取有效合规的卫生防护和安全预防措施，加强现场员工的人身安全管理，以保护员工的职业安全和健康，并全面承担相应的安全管理责任。

4. 乙方必须加强对项目部员工的职业道德、工作纪律和法律法规意识教育，避免在该项目监理机构内发生任何违法、违纪、暴力或妨碍治安的行为，否则由此引起的任何损害以及与第三方发生的民事纠纷甚至刑事责任，均由乙方承担。

5. 甲方仅授权乙方以委托代理人的身份签署与本项目监理工作直接相关的业务性文件，但不包括具有重要法律责任和经济责任的文件。

6. 乙方对项目人员有聘任、解聘建议权，但需经甲方人力资源部批准和完善劳动用工手续；对员工有给予一次性奖励、通报嘉奖，对违反劳动纪律者有采用经济处罚的处分权，并将处理结果报甲方核备。相关成本计入现场成本之中。

7. 业主或建设行政主管部门给予项目各种奖金按公司下发的相关制度办法执行，并由乙方向甲方递交分配方案，经甲方批准后分配（个税自负），同时计入项目成本，并相应增加责任成本预算目标值。

8. 本协议如某些条款与国家政策或调整政策有抵触时，双方应根据国家有关政策加以修正。

六、未尽事宜，须经双方协商一致，达成协议并签字盖章后方可生效。未达成协议前，仍按原协议执行。

七、本协议自甲乙双方完善签字、盖章双重手续之日起方可生效。

八、本协议正本一式贰份，甲乙双方各执壹份；副本肆份，双方各持贰份。

附件 1-1 项目安全质量环保目标管理责任书（范本）；
附件 1-2 廉政责任书（范本）。

总经理（盖章）：　　　　　　　　项目负责人（盖章）：

年　月　日　　　　　　　　年　月　日

附件 7.2

________项目成本管控基础数据统计分析表

项目名称（盖章）：			所属单位名称：			检查日期：　年　月　日		
项目合同金额		合同工期	××.×～××.×	项目地址		项目负责人及电话		备注
批复项目毛利润率/%		项目责任成本预算		综合管理费中的项目收尾费用		固定资产折旧费用		
一、项目进场至×年×月×日成本数据								
实际进场时间（年/月）		累计进场月数/月		平均月用工人数/人		累计用工人数/（人·月）		注意本阶段仅填报项目开始至检查日期成本数据
实际完成营业额		合同完成率/%		确认完成（计量）营业额		营业额确认率/%		
业主已支付资金（不含开工预付款）		资金支付率/%		业主已支付开工预付款		人均月均产值/[万元/（人·月）]		
实际已发生成本额		实际已支付成本额		支付率/%		人均月均成本费用/[万元/（人·月）]		
可匹配成本额		实际已发生成本额与可匹配成本额差额		实际已发生成本额/可匹配成本额/%				

续表

二、×年×月×日至项目完工（不含缺陷责任期）预估成本数据							
预估项目实际完工时间（年/月，不含缺陷责任期）		预估月数/月		预估平均月用工人数/人		预估用工人数/（人·月）		注意本阶段各成本数据均不含缺陷责任期成本数据
预估完成营业额		预估人均月均产值/[万元/（人·月）]		预估发生成本额		预估人均月均成本费用/[万元/（人·月）]		
可匹配成本金额		预估发生成本额与可匹配成本额差额		预估发生成本额/可匹配成本额/%				
三、缺陷责任期预估成本数据								
预估项目缺陷责任期完工时间（年/月）		预估月数/月		预估平均月用工人数/人		预估用工人数/（人·月）		注意本阶段仅填报缺陷责任期成本数据
预估完成营业额		预估人均月均产值/[万元/（人·月）]		预估发生成本额		预估人均月均成本费用/[万元/（人·月）]		
可匹配成本金额		预估发生成本额与可匹配成本额差额		预估发生成本额/可匹配成本额/%				
四、项目在建期间成本数据汇总分析								
实际进场至项目完工时间（年/月～年/月）		累计月数/月		平均月用工人数/人		总用工人数/（人·月）		注意不含缺陷责任期数据
在建期完成营业额		人均月均产值/[万元/（人·月）]		在建期发生成本额		人均月均成本费用/[万元/（人·月）]		
在建期可匹配成本额		在建期发生成本额与在建期可匹配成本额差额		在建期发生成本额/在建期可匹配成本额/%				

续表

五、项目全周期成本数据汇总分析								
实际进场至预估缺陷责任期完工时间（年/月～年/月）		累计月数/月		平均月用工人数/人		总用工人数/（人·月）		
总完成营业额		人均月均产值/[万元/（人·月）]		总发生成本额		人均月均成本费用/[万元/（人·月）]		
总可匹配成本额		总发生成本额与总可匹配成本额差额		总发生成本额/总可匹配成本额/%				

备注：1. 依据《项目成本预算编制指南（暂行）》（中铁科成本〔2015〕187 号）及《各业态项目毛利润率红线比例指导意见（暂行）》（中铁科成本〔2015〕242 号）定义，项目毛利润率（%）=1-（项目责任成本预算+综合管理费用中项目收尾费用+固定资产折旧费用）/合同额，项目执行预算=项目责任成本预算+综合管理费（项目管理费+项目收尾费用）+固定资产折旧费+税金。

2. “确认完成（计量）营业额”是指项目对业主单位计量或确认的营业额，若项目对业主单位计量周期较长或其他特殊情况，也可以以项目直管单位负责人签字确认的“实际完成营业额”为“确认完成（计量）营业额”，“确认完成（计量）营业额”是计算项目“可匹配成本额"的数据依据；“实际已发生成本额”指以项目预算审批中项目责任成本预算+综合管理费用中项目收尾费用+固定资产折旧费用等三项费用为统计范围，已实际发生的费用，特别注意包括已发生未支付费用；“实际已支付成本额”指“实际已发生成本额”中已支付的费用，统计范围与“实际已发生成本额”一致，不仅包括项目前台自行支付费用，也包括项目后台管理机构代扣代缴费用（如人员工资、固定资产折旧等）；“可匹配成本额”也是以项目预算审批中项目责任成本预算+综合管理费用中项目收尾费用+固定资产折旧费用等三项费用为统计范围，可匹配的成本额，通过“确认完成（计量）营业额”计算所得；“业主已支付金额”中注意不包含开工预付款。

3. 绿色单元格为自动计算部分，无需手工录入；各费用单位均为万元，并保留两位小数

编　制：　　　　项目负责人：　　　　日　期：

附件 7.3

项目责任成本分析表

监理费合同价：　　　万元　　　开累计量：　　　万元　　　开累到款：　　　万元　　　单位：万元，保留两位小数

序号	成本费用细目名称	总责任成本	年度责任成本			合计	成本										备注
							××年						2019 年				
							×季度			4 季度			1 季度			…	
			××年	××年	××年		×月	×月	×月	10 月	11 月	12 月	×月	×月	×月	…	
1	建点临时设施费																
	其中：房屋租赁费																
	设备购置费																
2	人力成本费																
3	伙食费																
4	办公用品及物料消耗费																
5	水电气费																
6	通信费																
7	员工交通费																
8	交通工具使用费																
	其中：汽车租赁费																
	燃油费																
	过路停洗车辆审验费																
	保险费																
9	住宿费																
10	图书资料费																
11	业务招待费与误餐费																

续表

序号	成本费用细目名称	总责任成本	年度责任成本			合计	成本										备注
							××年						2019年				
			××年	××年	××年		×季度			4季度			1季度			…	
							×月	×月	×月	10月	11月	12月	×月	×月	×月	…	
12	设施设备修理费																
	其中：车辆维修费																
	其他维修费																
13	安全生产费																
	其中：意外伤害保险费																
	劳动用品费																
	员工培训费																
14	其他费用																
	其中：委外试验费																
	专家咨询费																
	设备标定																
	母体授权																
	其他																
	人均成本																
	验工计价金额																
	成本金额与验工计价金额占比																
	到款金额																
	成本金额与到款金额占比																
	责任成本金额																
	实际成本与责任成本差值																

附件 7.4

项目“双清”情况统计表（清收基础表）

序号	项目名称	项目负责人（总监）		项目进展情况	合同价值/万元	季初开累情况					本季度清收计划（计价计划）								备注（说明清收率较差原因）
		姓名	联系电话			开累计量/元	开累到款/元	开累质保金/元	本年预计计价金额/元	本年预计新增质保金金额/元	合计		第一个月		第二个月		第三个月		
											计价款	其中质保金	计价款/元	其中质保金/元	计价款/元	其中质保金/元	计价款/元	其中质保金/元	
栏次	1	2	3	4	5	6	7	8	9	10	11=13+15+17	12=14+16+18	13	14	15	16	17	18	19
											—	—							
											—	—							
											—	—							

说明：1. 清收工作指清理项目未获得验工计价的情况，获得计量确认债权；本季清收计划指计划发生在本季度内验工计量数。

2. 对完工项目，若过程中换有多个总监，由最后一个总监负责填报本表。

3. “项目进展情况”填如：完工未结算、完工百分比等。

4. 各项目应在每季度第一个月 5 日之前上报下季度清收计划。

项目“双清”情况统计表（清欠基础表）

序号	项目名称	项目负责人（总监）		项目进展情况	合同价值/万元	债务单位			债权性质	季初情况			季初清欠余额	本季度清欠计划（回款计划）					索赔情况		备注（说明清欠率较差原因）
		姓名	联系电话			名称	联系人	联系人电话		开累计量/元	开累到款/元	质保金/元	金额	合计	第一个月/元	第二个月/元	第三个月/元	付款条件：说明预付款、结算款、销售款、质保款、质保金、保证金等的付款条件、比例、时间等约定条款	是否可索赔（是或否）	索赔条件	
栏次	1	2	3	4	5	6	7	8	9	10	11	12	13	14=15+16+17	15	16	17	18	19	20	21

说明：1. 清欠工作指清理已经确认债权的应收款项收回的情况；季初清欠余额是季初项目已验工计量但尚未到款金额；本季清欠计划指计划本季度发生的款项收回计划。

2. 对完工项目，若过程中换有多个总监，由最后一个总监负责填报本表。

3. “项目进展情况”填：完工未结算、完工百分比等；“债权性质”填：监理费、质保金等。

4. 各项目应在每季度第一个月5日之前上报下季度清欠计划。

八、人员管理

（一）工作目标

通过合理的设置组织机构、配备基本素质符合岗位要求的人员，在项目实施过程中，激励、调动和发挥项目人员的积极性，有效地领导项目人员按照计划开展监理工作，完成监理任务。

（二）基本工作要求

序号	基本工作要求	量（细）化要求	参照格式
1	项目中标后，及时到现场勘探，根据项目实际需求和业主要求，结合监理站建站等实际因素，合理设置项目组织机构，编制项目组织机构图，明确各部门职责，报公司人力部备案。（与业主建立联系，如业主有要求，及时报业主）	—	附件 8.1 附件 8.2
2	根据项目实际需要设定岗位，并明确各岗位人员职责，进行工作安排	各项目按照投标文件编制	
3	根据项目监理合同和铁路（市政、公路、房建等项目）建设工程有关监理规范对监理人员配置数量的规定，提前筹划项目人员配置，收集投标文件中投标人员信息（投标文件中找），并根据实际需求编制项目人员进、退场计划，绘制人员进退场计划图	人员进场 45 日内	附件 8.3 附件 8.4
4	人员进场后，出台项目人员管理的相关办法、制度、纪律、规范等，规范管理项目人员言行和工作	人员进场 45 日内，需要项目制订的工作制度包含但不限于以下制度办法：	附件 8.5

续表

序号	基本工作要求	量（细）化要求	参照格式
4	人员进场后，出台项目人员管理的相关办法、制度、纪律、规范等，规范管理项目人员言行和工作	1. 劳动组织纪律管理办法； 2. 项目监理人员考勤、请（休）假制度； 3. 项目监理人员培训制度； 4. 项目监理人员工作考核管理办法； 5. 现场工作业务要求	
5	项目人才培训和培养	1. 项目组织新员工培训，培训内容主要为《员工手册》、项目各项规定及相关业务培训。 2. 根据现场实际需要，组织员工参加各类专业技术培训。 3. 根据员工现场实际表现，多给工作表现好、业绩好的员工锻炼的机会，重点培养。项目培养和发现的能够胜任组长、分站长及以上级别岗位的员工，报人力部纳入公司后备人才管理。拟提拔组长、分站长及以上岗位的员工报公司审批。 4. 对年轻员工多指导、多教育	《员工手册》另行发放
6	安排与员工谈心谈话，总监谈主要骨干岗位人员，各分站分别安排谈话。及时关心员工工作和生活，做得好的给予支持和鼓励，做得不好的给予批评和建议	不定时	
7	日常管理过程中，建立人员管理相关台账，保存好项目人员日常管理资料	需要建立的台账包含但不限于以下台账： 1. 人员进出场台账； 2. 项目人员花名册； 3. 项目人员请休假台账； 4. 项目人员教育培训台账； 5. 项目人员报销台账； 6. 办公用品领用登记表。 需要保存的资料,包含但不限于以下资料： 1. 人员信息表及证件扫描件； 2. 人员考勤表； 3. 人员请休假单； 4. 人员离职交接资料； 5. 人员考核表； 6. 人员培训教育记录	

续表

序号	基本工作要求	量（细）化要求	参照格式
8	项目主体竣工开通后，除负责缺陷整治人员和竣工资料人员外，安排其他人员退场	项目主体竣工开通后	
9	项目人员进场审批、合同签订、社保购买、工资标准审批、证书培训、离职手续办理，详细参见机关部门办事指南，按照公司规定与人力部对接办理		

（三）相关参照模板

附件 8.1：项目监理机构组织机构图
附件 8.2：项目监理机构及部门职责
附件 8.3：监理人员配置计划
附件 8.4：人员进退场计划图
附件 8.5：劳动组织纪律管理办法

附件 8.1

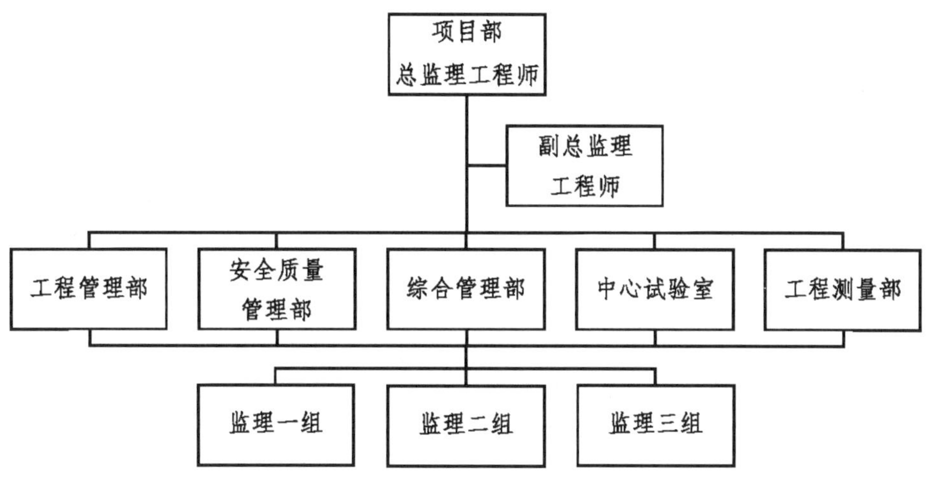

图 4　项目监理机构组织机构

附件 8.2

项目监理机构及部门职责（仅供参考）

一、监理项目部职责

1. 监理项目部全面负责现场监理人员管理工作，对管段工程的安全、质量、进度、投资、环保控制负监理责任；同时协调各方关系，协助建设单位进行相关工作；并对建设单位和监理公司负责。

2. 在总监的领导下，制订监理管理办法、监理制度、监理工作计划，做到管理制度标准化、人员配备标准化、现场管理标准化、过程控制标准化。

3. 参加第一次工地会议和设计交底，参加每月建设单位组织的各种会议和活动。

4. 及时解决和处理下属监理分站、监理组和现场监理人员提出的问题；检查、督促和协调各监理分站、监理组的工作，对监理履职过程进行严格考核。

5. 详细制订监理项目学习计划，对监理人员进行有针对性的培训教育，切实提高监理人员安全意识、责任意识和执业技能。

6. 解决合同执行过程中的一般性问题，重要和重大问题提出初步处理意见及时报告建设单位。

7. 审查施工单位的总体施工布置、施工组织设计、施工计划、方案及材料的试验报告，随时掌握工程进展。

8. 对工程分包提出审查意见报建设单位批准。

9. 抽检合同段工程质量，参加质量事故的处理。当施工安全、质量严重偏离合同要求时，可由总监直接下达停工令，对影响工程安全、质量的因素，及时书面提出整改要求，由现场监理监督落实。

10. 参加本标段所有工程变更活动，并提出监理意见。

11. 审查签认施工单位的工程计量和期中支付证书、最终支付证书，并报建设单位。

12. 尽可能防止延期、索赔事件的发生。对发生的延期和索赔及其他合同争端，及时提出处理意见报建设单位。

13. 掌握工程施工动态，编写监理周报、月报及其他报告；

14. 组织交工验收，协助建设单位组织竣工验收。

15. 对影响进度和投资的问题应及时向业主汇报。

16. 负责督促、审查施工单位按期完成工程竣工资料编写工作。

17. 组织监理文件的编制工作。

18. 执行业主下达的一切指令。

二、工程管理部职责

1. 负责监理项目部技术管理工作，做好施工图的核对工作；规范工程资料的填写、签认、归档，做到内业资料管理标准化；参与重大技术方案评审、主要设备及系统选型的研究审查工作。

2. 组织本监理项目部的科技创新、科研管理以及“四新”技术的推广应用工作。

3. 参与征地拆迁监理工作，建立本项目的征地拆迁档案。参与工程变更和设计优化工作，做好变更和优化的日常管理工作。

4. 审查工程施工组织设计、施工方案、专项方案等，形成意见报总监核签。

5. 收集本监理标段主要工程信息及监理活动情况，负责及时撰写监理项目部的监理日志；参加工地例会并整理会议纪要。

6. 负责施工进度管理及信息收集。编制监理周报、月报和其他报告报总监签发。

7. 编制本标测量实施管理办法；参与控制基桩交接和复测，负责控制网、监控量测、工后沉降评估等与监理工作有关的工程测量。

8. 组织对本项目监理人员的技术培训。审查施工单位的关键工序作业指导书、技术交底。

9. 负责环境保护和水土保持监理工作。制订项目环境保护监理工作方案，检查施工单位环保、水保、文物保护方案的实施。

10. 参加工程质量验收，参加工程质量和安全事故的调查处理。参加标段工程竣工验收工作，编写施工监理总结。

11. 完成监理项目部领导交办的其他工作。

三、安全质量部职责

1. 制订本项目监理安全质量管理措施，建立安全和质量控制体系，参与施工组织设计、施工方案、专项方案等审核，对其安全、质量方面提出监理意见。

2. 每月不少于两次全管段安全、质量排查并写出检查报告，及时督促施工单位处理施工安全、质量问题。

3. 落实监理项目部质量管理制度，查处施工、监理人员违反安全、质量管理制度的行为，建立安全、质量问题库和管理台账。

4. 检查重大危险源的分级管理与过程监控，参与审查危险性较大工程安全专项施工方案。

5. 制订监理单位安全质量突发事件应急处理预案，并组织培训和演练，建立相关台账。

6. 不定期组织施工安全、质量检查，当发现施工现场有较大安全、质量隐患时有权口头指令暂停并报总监确认签发工程暂停令。

7. 制订监理人员安全、质量控制方面的培训计划，参与对监理人员的考核并建立台账。

8. 参加工程安全、质量事故的调查处理。

9. 完成监理项目部领导交办的其他工作。

四、综合管理部（综合办公室）职责

1. 负责监理项目部重要活动的组织与协调。

2. 组织对监理项目部人员培训、考核及人力资源管理工作并建立台账。对于考核不合格的人员，上报总监进行工作调整。

3. 负责监理项目部档案、印章管理和公文处理及保密工作。

4. 负责监理项目部对内、对外接待工作。

5. 负责组织监理项目部管理信息化建设和办公自动化工作。

6. 负责监理项目部自用办公设备的采购和管理。

7. 负责监理项目部事务管理，负责各种证件的请领和发放，负责车辆、食宿管理等后勤保障工作。

8. 负责项目费用报销核查、粘贴，报总监签认后报公司财务。

9. 协助总监搞好全体人员考勤并上报公司。

10. 负责验工计价的汇总核对、签认工作。

11. 及时完成总监交办的其他工作。

五、监理试验室职责

1. 依据现行国家和部颁有关规范标准，对施工全过程的工程质量进行试验检测，应建立健全质量保证体系，确保试验检测数据真实、准确。

2. 制订试验人员的岗位责任制度，建立健全仪器设备管理制度、样品管理制度、试验检测记录管理制度、报告审核签发管理制度、试验检测安全与环保管理制度、档案资料管理制度等。

3. 制订仪器设备的检定和校准计划，做好监理试验室仪器设备的检定、校准和管理工作。

4. 结合项目特点，制订详细的试验检测和过程控制等计划，报总监批准后实施。

5. 对施工单位试验室和试验工作进行监督、检查，督促施工单位试验室整改问题，发现异常及时报告总监。

6. 严格按设计文件、现行标准规定的项目和频次进行试验检测，对进场各种原材料、混凝土拌合物性能、实体质量等进行见证检验、平行检验等；审核配合比设计资料，及时做好记录。

7. 定期对施工单位进场的原材料、施工过程中的工序质量等进行抽样检验，做好抽检记录，发现异常及时报告总监。

8. 组织管段内监理试验人员的业务培训工作。

9. 建立不合格品台账，并记录不合格品的处置情况。

10. 参加分项、分部、单位工程施工质量验收。

11. 做好试验检测资料的收集和保管，按上级部门要求及时上报各种资料。

12. 及时完成总监交办的其他工作。

六、监理分站职责

1. 依据总监理工程师的授权范围，对所辖管段工程实施全面监督和管理，对监理项目部及总监负责。

2. 组织监理人员熟悉、掌握合同、规范、标准、设计文件，参加设计交底和图纸会审，提出监理分站意见报工程管理部。

3. 对分包单位的资质，提出初审意见报总监。

4. 审核施工组织设计（方案），核查进场人员、机械设备数量及性能，符合要求后提出初审意见报工程管理部。

5. 配合工程管理部及测量工程师，会同施工单位对合同段平面、高程控制系统进行复测；对路基、桥涵等构造物的施工放样进行全面复查，保证施工放样的准确性。

6. 配合监理试验室及试验工程师，督促施工单位对进场材料、构配件和设备按规定进行检验、测试，按规定的频率进行见证或平行检验。

7. 严格工序签认和工序交接验收，做到细化到人，进行实名记录，确保每道工序均能符合设计及验标要求。

8. 对关键地段、重点部位落实包保责任制，派监理人员对关键工序、隐蔽工程的隐蔽过程实施旁站监理。

9. 对施工现场违反工程建设强制性标准的行为，应责令其立即整改；情况严重危及工程质量或涉及施工安全的应采取应急措施，须及时报项目监理项目部并向总监申请下达暂停令，8 小时内由总监决定是否签发暂停令。

10. 发生安全、质量事故，出现工程变更、计量支付和其他不同意见时，应及时向项目监理项目部领导报告。

11. 每月 24 日前书面向工程管理部提供监理月报所需资料。内容包括本月施工概况、工程进度、工程质量、施工安全、监理工作执行情况、存在问题及建议、下月工作重点等。

12. 组织分项工程验收，审查单位工程竣工资料和竣工图纸，确保资料完整和图纸准确，真实反映工程实际情况。

13. 及时完成监理项目部领导交办的其他工作。

附件 8.3

监理人员配置计划

一、监理人员配备依据

1. 项目工程监理合同。

2. 铁路（市政、公路、房建等）建设工程有关监理规范对监理人员配置数量的规定。

二、监理人员配备原则

项目监理机构必须做到运转有序，高效精干，充分发挥各专业，各部门监理人员的主观能动性；分工明确，职责清楚，责任到岗，责任到人，处理好各部门，各专业的接口，做到“事事有人管，人人有事做”，团结协作，紧张有序地工作。组建项目监理机构的原则为：

1. 目的明确，围绕项目监理目标及监理工作内容设立相应的监理机构。

2. 管理跨度适中，项目监理机构设置中有较好的管理层次。实施管理，必须有一定的管理层次，没有层次的管理是混乱的、无序的。

3. 集权与分权相结合，设置相应的管理层次，就必须赋于相应层次上人员一定的权利，处理好集权与分权的关系。

4. 职责与权利相对应，有授权、就要有职责，职责与权利必须相对应，否则就是失职。

三、监理人员进退场计划

（一）本标段人员进、退场计划说明

1. 本计划图为初步计划，具体开始时间以批准的开工报告日期和施工组织计划安排为准，根据现场及业主的要求进行调整。

2. 在服务期按合同文件及业主要求，保证上场监理人员数在任意时期均能满足工程需要，并在任何时期可根据业主要求进行人数调整，以满足工程需要。

3. 项目按×年总工期安排。开工日期为第×月，竣工日期为第×月，共

×个月，缺陷责任期×个月。控制性工程第 1 月先行开工，第×月全线土建工程全面展开，第×月正线开始架梁，第×月正线开始铺轨，第×月全线铺通，第×月完成全线建筑安装，第×月前完成静态验收，全线于第×月完成联合调试及试运行后，开通运营。（请根据项目实际情况填写）

4. 各分项工程计划工期安排：（下面内容供参考，请各项目根据实际内容填写）

（1）施工准备期 2～6 个月，第 1 月～第 6 月。

（2）路基工程：施工工期 10～36 个月，第 4 月～第 39 月，其中施工准备期 3 个月，地基处理 4～8 个月，土石方工程 6～30 个月。

（3）桥梁下部工程：工期安排 7～42 个月，第 4 月～第 46 月。

（4）隧道工程：隧道工程计划第 1 月开始，第 48 月完成，共计 48 个月。其中，施工准备 3 个月，隧道洞身施工 15～43 个月，二衬及沟槽完成滞后贯通 2 个月。除重难点及控制性隧道外，$L\geqslant 3$ km 隧道 36 个月内完成，1 km$\leqslant L<3$ km 隧道 30 个月内完成，$L<1$ km 隧道 20 个月内完成。

（5）无砟轨道道床：按施工区段组织施工，在隧道主体完工后 3～5 个月完成，持续施工时间 26 个月，第 26 月～第 51 月。

（6）铺架工程（不含联络线）：按铺架段组织施工，工期安排 13～28 个月，第 26 月～第 53 月。

（7）房屋及其他站后配套工程：工期安排 10～18 个月，第 31 月～第 48 月。

（8）工程静态验收：安排 2～6 个月，第 52 月～第 58 月。

（9）综合调试及试运行分段组织调试：安排 2～5 个月，第 56 月～第 60 月。

（二）本标段监理人员进、退场计划表

序号	姓名	拟担任的职务	岗位情况	拟进场时间	拟退场时间
1		总监理工程师	在岗	第 1 月	第 72 月
2		副总监理工程师	在岗	第 1 月	第 72 月
3		副总监理工程师	在岗	第 1 月	第 60 月
4		注册安全工程师	在岗	第 1 月	第 60 月
5		计量工程师	在岗	第 1 月	第 72 月
6		环水保监理工程师	在岗	第 1 月	第 60 月
7		地质专业监理工程师	在岗	第 1 月	第 52 月
8		桥梁专业监理工程师	在岗	第 1 月	第 52 月

续表

序号	姓名	拟担任的职务	岗位情况	拟进场时间	拟退场时间
9		隧道专业监理工程师	在岗	第1月	第52月
10		测量监理工程师	在岗	第1月	第60月
11		试验检测负责人	在岗	第1月	第60月
12		试验检测工程师	在岗	第4月	第48月
13		一分站组长	在岗	第1月	第52月
14		二分站组长	在岗	第1月	第49月
15		三分站组长	在岗	第1月	第49月
16		隧道专业监理工程师1	在岗	第1月	第52月
17		隧道专业监理工程师2	在岗	第1月	第52月
18		隧道专业监理工程师8	在岗	第2月	第49月
19		隧道专业监理工程师12	在岗	第4月	第32月
20		隧道专业监理工程师13	在岗	第4月	第30月
21		隧道专业监理工程师14	在岗	第4月	第30月
22		隧道专业监理工程师17	在岗	第4月	第36月
23		桥梁专业监理工程师1	在岗	第1月	第49月
24		桥梁专业监理工程师9	在岗	第5月	第39月
25		桥梁专业监理工程师14	在岗	第7月	第42月
26		桥梁专业监理工程师15	在岗	第7月	第42月
27		路基涵洞专业监理工程师1	在岗	第1月	第49月
28		路基涵洞专业监理工程师10	在岗	第7月	第39月
29		房建专业监理工程师1	在岗	第1月	第52月
30		铺架桥梁专业监理工程师1	在岗	第4月	第57月
31		监理员1	在岗	第1月	第72月
32		监理员2	在岗	第1月	第60月
33		监理员9	在岗	第1月	第60月
34		监理员10	在岗	第1月	第60月
35		监理员11	在岗	第4月	第39月

续表

序号	姓名	拟担任的职务	岗位情况	拟进场时间	拟退场时间
36		监理员 12	在岗	第 4 月	第 39 月
37		监理员 18	在岗	第 4 月	第 45 月
38		监理员 19	在岗	第 4 月	第 45 月
39		监理员 20	在岗	第 4 月	第 45 月

注：本计划为初步计划，具体开始时间以批准的开工报告日期和施工组织计划安排为准，根据现场及业主的要求进行调整。

（三）人员进退场计划横道图

附件 8.4：项目人员配置计划图

附件 8.4

项目人员配置计划图

序号	部门		2018年		2019年						…	2022年													缺陷责任期	
			12	小计	1	2	…	11	12	小计	…	1	2	3	4	5	6	7	8	9	10	11	12	小计	2023.1~2023.12	小计
1	监理部	总监	1	1	1	1		1	1	12		1	1	1	1	1	1	1	1	1	1	1	1	12		0
2		副总监	1	1	1	2		2	2	23		1	1	1	1	1	1	1	1	1	1	1	1	12	6	6
3		计量工程师兼办公室主任		0				1	1	10		1	1	1	1	1	1	1	1	1	1	1	1	12	12	12
4		测量工程师	1	1	1	1		1	1	12		1	1	1	1	1	1	1	1	1	1	1	1	12		0
5		测量监理员		0				1	1	5														0		0
6		试验工程师	1	1	1	1		1	1	12		1	1	1	1	1	1	1	1	1	1	1	1	12		0
7		试验监理员	1	1	1	1		1	1	12														0		0
8		安全工程师	2	2	2	2		2	2	24		1	1	1	1	1	1	1	1	1	1	1	1	12		0
9		办公室文员	2	2	2	2		2	2	24		1	1	1	1	1	1	1	1	1	1	1	1	12		0
10	第一监理组（土建1标）	一组组长	1	1	1	1		1	1	12		1	1	1										3		0
11		一级专监	2	2	2	2		1	1	19														0		0
12		二级专监	1	1	1	1		1	1	12														0		0
13		一级监理员	1	1	1	2		2	2	23		1	1	1	1	1	1	1	1	1				9		0
14		二级监理员	1	1	1	2		2	2	23														0		0

续表

序号	部门		2018年		2019年						…	2022年													缺陷责任期	
			12	小计	1	2	…	11	12	小计	…	1	2	3	4	5	6	7	8	9	10	11	12	小计	2023.1~2023.12	小计
15		三级监理员		0	1	1		1	1	12														0		0
16	第二监理组（土建2标）	二组组长	1	1	1	1		1	1	12														0		0
17		一级专监	2	2	2	2		1	1	19														0		0
18		二级专监						1	1	5														0		0
19		一级监理员	1	1	2	2		2	2	24		1	1	1	1	1	1	1	1	1				9		0
20		二级监理员	1	1	2	2		2	2	24														0		0
21	第三监理组（土建3标）	三组组长	1	1	1	1		1	1	12		1	1	1	1	1	1	1	1	1				9		0
22		一级专监	2	2	2	2		2	2	24														0		0
23		二级专监		0	1	1		1	1	12		1	1	1	1	1	1	1	1	1	1	1	1	12	12	12
24		一级监理员	2	2	3	3		3	3	36														0		0
25		二级监理员		0		1		2	2	21		1	1	1	1	1	1	1	1	1	1	1	1	12	12	12
31	辅助人员	司机	1	1	2	2		3	3	30		1	1	1	1	1	1	1	1	1	1	1	1	12	6	6
32		厨师	1	1	1	1		2	2	18		1	1	1	1	1	1	1	1	1	1	1	1	12	12	12
33		后勤		0				1	1	9														0		0
34	小计		27	27	33	37	…	42	42	481	…	15	15	15	14	14	14	14	14	14	11	11	11	162	60	60

附件 8.5

劳动组织纪律管理办法（参考）

第一章　总 则

1.1　为规范本监理站员工工作行为，增强工作责任心和使命感，切实有效地开展监理工作，鼓励先进、鞭策落后，高质量、高标准地完成××铁路施工监理任务，特制订本办法。

1.2　本监理站全体监理人员、后勤人员必须严格按本办法规定约束自身行为，并贯穿于本项目监理全过程。

第二章　监理工作纪律

2.1　遵守国家和相关部门、业主有关建设法律、行政法规、施工技术规程与标准；认真履行监理职责，并承担相应职责的监理岗位责任。

2.2　模范遵守监理工作例行程序，严格执行监理站总监、分站长指令，要敢于监理、善于监理、廉政监理，确保巡视、检查、旁站监控到位，资料记录基本及时（不得晚于 2 天）、齐全、完善（即三到位："程序到位、标准到位、力度到位"）。

2.3　坚持"守法、诚信、科学、公正"的准则，坚持"监""帮""促"相结合，以科学的、实事求是的态度处理施工中出现的质量问题、安全管理问题、环水保问题等。遇难以决断的情况时，应立即请示分站长或总监，并按上级领导的要求办理。

2.4　要和施工单位建立良好、正常的工作关系，在坚持技术标准的同时，积极为业主和施工单位出谋划策，在确保安全、质量的前提下全力督促施工单位加快施工进度。

2.5　分站一线监理人员必须以下列工作为重中之重，从严控制：

2.5.1　安全监控：严格执行工程安全技术规程，尤其要加强隧道、高桥墩、深基坑和路基高边坡防护工程（根据项目实际情况明确）等项目的施工安全监理。

2.5.1.1　在隧道施工中，要严格执行下列规定：

A. 对于未按设计要求实施地质预测预报的，或未采取有效安全处理措施的，要督促施工单位落实安全技术措施后方可继续掘进。

B. 对于未按设计和施工规范规定实施施工量测的，或支护不紧跟的，或支护质量不达标的，或施工辅助措施不到位的，必须立即责令施工单位调整工序，立即整改，直至整改达标后方可继续掘进。

2.5.1.2　在桥梁、路基施工中，要严格执行下列规定：

在桥梁墩台、深基坑、路基高边坡防护工程等高空、高处作业工点，要严格对照施组检查安全技术措施落实情况。凡无安全技术措施或安全技术措施落实不到位的，必须立即责令整改，直至达标后方可继续施工。

2.5.2　质量监控：严格按设计和国家验收标准及铁路、公路等行业验收标准规定的验收程序、验收办法、验收标准验收原材料、分项工程、分部工程、单位工程质量，决不允许降低技术标准。

2.5.3　环保水保监控：严格按国家有关环保法规实施监控，施工必须执行“三同时”原则。弃渣要先挡后弃，施工废水要先处理后排放，便道和临时用地要及时绿化等。

总之，对于在施工监控中发现的有关安全、质量、环水保问题，必须立即、坚决制止，督促整改；对于危及参建人员生命安全的重大问题，要立即予以停工整顿，并及时上报总监处理。否则，承担直接监理责任。

2.6　决不允许监理人员在施工单位和材料设备供应商中兼职，或建立任何形式的经济利益关系。

2.7　不得接受管段各项目部任何形式的津贴或补助。

2.8　不得从事监理工作以外的其他任何第二职业。

2.9　不得泄露工程保密的事项。

2.10　在任何情况下，均不得损害业主的利益。

第三章　组织管理纪律

3.1　一切以工程施工为重，提倡无私奉献精神，严禁脱岗。

3.2　未经总监理工程师或分站长批准，不得无故离开工地；经批准休假的必须按时回到工地上班。

3.3 各分站应组织监理人员进行业务学习，每月学习不低于 3 次，每次不少于 1.5 小时。重点是：设计图纸、国家验收标准及铁路、公路等行业验收标准、施工技术规程、监理规范和实施细则等。

3.4 监理站员工必须严格执行休假、销假制度。休假比照监理公司的规定执行。

3.5 严禁本站员工参与任何形式的赌博活动。

3.6 在工地期间，对于晚上 24：00 ~ 早上 7：00 外出，即便是旁站、检查等现场工作，须征得总监理工程师或分站长同意或报备。

3.7 爱护监理项目公用设施，凡属人为原因造成的损坏或丢失，必须照价赔偿。

3.8 车辆使用规定：

A. 车辆驶出工地范围前，必须事先经过总监理工程师同意；工地范围内动用车辆必须事先经过分站长或总监批准。

B. 为确保监理人员安全，在工地范围内禁止非专职驾驶员驾车，特殊情况必须事先报总监批准。

3.9 监理人员必须严格执行监理站工作纪律，忠实地维护业主的利益，维护监理站荣誉，维护监理工程师的职业尊严、名誉和信誉。

第四章 奖罚细则

4.1 奖励细则

4.1.1 监理人员实际的出勤和考核情况，将是现场工资（奖金）发放的依据之一。

4.1.2 监理人员在监理工作期间，被业主评为优秀（总）监理工程师者等荣誉的，由监理总站上报监理公司，由公司考虑给予奖励。

4.1.3 监理人员在监理工作期间，被业主或业主代表（办事处主任及以上级别人员）点名口头表扬并通报总监理工程师的，由监理总站报公司，当月业绩考核结果按照优秀计算。

4.1.4 监理人员在监理工作期间，月监理业绩被总监理工程师充分肯定的，由监理总站报公司，当月业绩考核结果按照优秀计算。

4.1.5 监理人员在监理工作期间，月监理业绩受到分站长、试验室主任充分肯定且经总监理工程师复查属实的，由监理总站报公司，当月业绩考核结果按照优秀计算。

4.1.6 后勤人员在监理工作期间，月工作业绩受到分站长或监理总站办公室主任充分肯定且经总监理工程师复查属实的，由监理总站报公司，当月业绩考核结果按照优秀计算。

4.1.7 员工在本项目监理工作实施期间，工作业绩始终保持良好，多次出色地完成监理站交办任务，且处理各方关系适当，模范遵守监理总站各项规章制度，得到员工广泛赞誉，由监理总站报公司，当月业绩考核结果按照优秀计算。

4.2 罚则：

4.2.1 违反第二章“监理工作纪律”与第三章“组织管理纪律”任何一条管理规定，每次最低罚款 500 元，且违反任一条规定不得超过二次。

4.2.2 员工违反本规定，有下列具体行为（皆属监理人员个人意志可控而又主观原因导致的故意违规行为）者，除按 4.2.1 条规定处罚外，再按下列规定追加处罚：

A. 未按管理规定审查、核对进场材料、设备合格证的真实性、有效性者，一次罚款 300 元。

B. 未按隐蔽工程检查程序监理，违规同意或默认施工单位进入下道工序或不加制止者，或施工单位通知隐检无故缺席者，或旁站监督擅离职守者，或施工工序质量失控听之任之者等，一次罚款 500 元。

C. 发生安全、质量事故不采取防范措施致使危害扩大者，或不及时报告、处理者，一次罚款 1000 元。

D. 由于监理人员个人原因造成工期失控而未采取有效措施扭转者，一次罚款 500 元。

E. 不按规定及时签认质量验收资料或违规签认不合格的工序或计量无依据的项目者，一次罚款 500 元。

F. 不认真审核变更设计工程数量和单价分析，或发现变更设计弄虚作假而不加制止者，一次罚款 300 元。

G. 在每周一至周五，未经总监理工程师批准打牌，损坏监理总站对外形象的，一经发现，对参与者一人一次罚款 200 元。

H. 未及时填写监理日志、旁站记录及试验台账等监理技术资料或其内容严重失实或内容严重缺项的，一次罚款 100 元。

I. 员工无故拒绝服从工作安排的，一次罚款 200 元。

4.2.3 监理人员严重违反本规定，有下列恶意违规行为之一者，被查出属实的，罚款 1000 ~ 2000 元并立即开除；构成犯罪的移交司法机关处理：

A. 索要施工单位钱财、信用卡、有价证券者。

B. 索贿未遂，故意刁难施工单位者。

C. 串通违规，后果严重，或反复违规，不思悔改者。

D. 由于监理人员自身原因造成重大安全、质量事故者。

E. 因监理人员自身原因给业主和监理项目财产、信誉造成严重损害者。

4.2.4 监理人员未严格按 2.5.1 条之安全规定实施监控者，一次罚款 200 元。

4.2.5 员工违反 3.4 条，在规定的休假期满未按时上班的，无故逾期两天内返回，给予警告处理；逾期三天及以上者返回，每天罚款 100 元；逾期五天及以上者返回，按照旷工处理，解除劳动关系（退回劳务公司）。

4.2.6 员工违反 3.8 车辆使用规定者，按下列规定处罚：

A. 车辆使用未按 3.8 条 A 款规定程序批准的，一次处罚当次乘车监理人员每人 200 元，司机 100 元。

B. 车辆使用未按 3.8 条 B 款规定执行，一次处罚当次驾车人员 300 元，司机 200 元。

4.2.7 除公司调令外，站内监理人员离开本项目，必须提前 30 天报告总监。对于无故离开或未提前告知的每人罚款 1000 元，以弥补项目由此造成的损失。

4.2.8 未征得试验室主任、分站长及以上级别人员同意，晚上 24：00 以前不回驻地的每次罚 200 元。

4.2.9 为确保工作闭合，各分站对监理总站文件、通知、指令等要求反馈、报送的资料不及时或超期限而又未提前 2 天向监理总站总监理工程师说明原因并寻求支持的，按下列办法处置：

A. 属监理总站要求的，一次处罚该监理分站 200 元，再由监理分站处罚直接责任人。

B. 属业主要求的，一次处罚该监理分站 400 元，再由监理分站处罚直接责任人。

C. 业主、监理公司下发文件，按照轻重缓急及时报总监办，如延误给监理站造成负面影响者，每次罚款 100 元。

在超期限后，应上报的同份资料再次超出监理总站第二次规定期限的，比照上述标准加倍处罚；超出监理总站第三次规定期限的，按第二次处罚标准再加倍处罚，依此类推。

第五章 附 则

5.1 本办法对整个监理站任何人员均具有约束力。

5.2 本办法的解释权在××项目部综合办公室。

5.3 本办法定于×年×月×日起施行。

九、信息化管理

（一）工作目标

利用信息化管理，掌握项目人员考勤、工程进度、验工计价及项目安全质量工作开展情况，推进项目质量追溯制度落实。

（二）基本工作要求

序号	类别	基本工作要求	量（细）化要求	参照格式
1	项目人力资源管理	监理项目部应利用好公司提供的钉钉软件、智能人力资源管理系统等信息化管理平台，对项目人员进行管理	项目监理部应建立监理人员每日签到制度，监理人员每日须在工点（营地）进行签到，项目总监根据监理人员在钉钉软件的签到情况，对人员的考勤情况进行管理	钉钉固定格式
2	项目内部管理	监理项目部应建立多个QQ、微信管理群，及时在工作群中传达工作要求、进行工作交流、上传工作资料等	1. 工作群内全体监理人员应及时查看群消息，积极完成分配给自己的工作任务，上传要求上报的信息和资料； 2. 项目各级领导或办公室人员可在工作群中向下级发布或传达工作要求，检查工作情况	无固定格式
3	项目综合管理	项目应根据公司、业主单位的要求在QQ工作群、微信工作群中按时上报相关资料	项目办公室人员查看工作群消息，及时传达给相关监理人员或请总监（总代）的批示，根据批示及时传达任务给相关监理人员，并在规定的截止时间前提醒、收集、整理、上报要求的信息和资料	无固定格式
4	项目安全生产管理	项目监理人员应在业主单位提供的安全质量隐患管理信息系统、安全风险监控系统等安全管理系统内按时填报相关安全质量信息；	1. 监理项目部应制定日报上报制度，并建立相应的钉钉工作群（微信工作群），及时将每日的施工情况、存在的安全质量隐患及处理情况在群内进行反馈（特殊情况可直接反馈给项目总监），以便相关人员及时掌握施工动态及隐患情况；	系统固定格式

续表

序号	类别	基本工作要求	量（细）化要求	参照格式
4	项目安全生产管理	并利用公司提供的钉钉、微信等现代通信手段做好项目实施过程中的安全质量管控，项目部领导须做到第一时间掌握施工现场存在的各类安全质量隐患，以便及时采取相关措施进行处理，确保安全质量受控	2. 监理项目部应利用好业主单位提供的信息化管理平台，将现场检查、巡视、旁站过程中发现的突出安全质量隐患问题、发现的风险隐患及隐蔽工程验收过程中采集的影像资料上传平台，项目总监可通过查看系统掌握项目安全质量突出问题、项目安全风险状态以及隐蔽工程验收情况等，同时对监理人员工作情况进行考核	
5	项目成本管理	监理项目部应利用好成本管理系统，业主相关验工计价平台、财务共享平台协助项目进行成本及报销管控，项目总监应随时掌握项目完成进度及验工计价情况	1. 项目计量工程师每月（季度）将本月（季度）项目验工计价额（确认营业额）及完成营业额数据录入成本管理系统及业主提供的验工计价平台，项目总监可登录系统进行查看，掌握项目计价情况。 2. 项目办公室人员将报销票据按照要求录入财务共享平台，项目总监可登录平台查看报销情况，做到项目报销可追溯性	平台固定格式
6	项目宣传工作管理	监理项目部应建立新闻信息收集宣传制度，监理人员对本工点的重大事件、重要节点等信息及时收集并通知项目总监及办公室人员，做好宣传工作	监理项目部应利用本项目的微信工作群，对项目宣传亮点及时进行收集并在群内进行分享，以便本项目相关领导、办公室人员在第一时间内获取新闻信息，做好宣传工作	无固定格式

（三）相关参照模板：无

十、文化建设

（一）工作目标

提升企业管理水平和员工队伍素质，构建与企业核心价值体系相一致、与企业发展目标相统一、与现代管理发展趋势相协调、与项目管理和员工全面发展要求相适应的项目文化，推进四川铁科企业文化在基层项目落地生根。

（二）基本工作要求

序号	基本工作要求	量（细）化要求	参照格式
1	项目部规范标语、宣传栏设置	1. 基层项目必须在明显的地方悬挂宣传党的大政方针、企业精神的标语； 2. 项目驻地设置宣传栏，展示公司生产管理、取得成绩以及项目阶段性成果等内容； 3. 根据机关职能部门的要求，各项目必须将岗位职责、廉洁承诺、项目党建等相关内容上墙	宣传栏参照附件 2.4；廉政承诺参照附件 11.9
2	项目部规范企业形象标识	1. 监理非中国中铁施工项目统一使用“中国中铁”企业名称和“中国中铁”企业形象标识（Logo）； 2. 监理中国中铁施工项目使用“四川铁科”企业名称，但不使用企业标识（Logo）； 3. 使用企业名称和标识（Logo）必须严格遵守规范字体、颜色、大小规定。 4. 安全帽统一使用“中国中铁”或“四川铁科”名称，安全帽颜色根据业主要求结合项目实际使用	按照公司批复规范使用
3	项目部加强项目宣传报道工作	1. 加强宣传报道，及时报送项目阶段性进展、重大工程开竣工、党建工作等信息，根据重要程度可自行投稿到党委工作部或请示帮助； 2. 重要事项可报请党委工作部向外媒报道； 3. 加强宣传纪律，严禁违反宣传纪律擅自报道和不实报道	

续表

序号	基本工作要求	量（细）化要求	参照格式
4	精神文化内涵	项目部开展进场人员教育培训，必须培训宣贯的内容包括： 1. 公司相关制度办法，引导员工依法合规、照章办事的自觉性； 2. 本项目概况及项目部各项制度办法，建立以制度管人的项目文化； 3. 宣传公司发展历程，讲解公司基本价值理念等企业文化内容，并在具体工作中融会贯通； 4. 宣贯公司《监理项目管理作业指导书》《员工手册》等工作标准，提高标准化作业水平； 5. 宣贯廉洁执业相关要求； 6. 明确本项目各岗位的具体工作职责	结合本作业指导书“一、项目团队建设”“八、人员管理”相关要求执行
5	行为文化内涵	1. 项目部要形成安全生产、安全发展的工作环境。明确各岗位安全生产岗位职责、行为准则、奖惩措施等，并在监理全过程坚持贯彻执行，努力营造人人讲安全、处处反违章的氛围，确保安全生产。 2. 项目部要形成“争先创优”“你争我赶”的工作环境。通过项目周会、月会、月度检查、月度考核等形式和时机，结合各岗位具体工作，开展检查考核、评比奖惩，鞭策和鼓励各岗位监理人员持续提高业务素质、提升监理工作质量	安全生产岗位职责参照附件 3.10
6	廉洁文化内涵	1. 要以项目班子成员和关键岗位人员为重点，深入开展党性党风党纪教育，引导党员干部自觉筑牢拒腐防变的思想道德防线。 2. 要在广大员工中广泛开展反腐倡廉形势教育、案例教育，使廉洁意识深入人心。 3. 项目总监要定期对建设单位和施工单位进行廉政回访，及时发现和制止廉政隐患	
7	和谐文化内涵	1. 尊重员工主人翁地位，引导员工积极参与项目管理； 2. 加强与业主、施工企业、地方政府的协调沟通，构建和谐的生产环境； 3. 积极组织有益的文化体育活动，丰富员工业余生活； 4. 努力改善员工的生产生活条件，激发员工的创造力	《四川铁科项目文化建设实施意见》

（三）相关参照模板：

部分文体活动项目摘选（仅供参考）

1. 摸石过河

★所需道具：瑜伽砖

★活动形式：分组接力赛

★活动说明：每组派 4 名以上队员参加，平均分立场地两端接力赛。每组发三块砖头，每组第一个参赛队员站于起跑线后的第 1、2 块河石上，手拿第 3 块河石。裁判发令后，队员依次将河石踩在脚下交替向前行进，赛程根据场地大小而定（建议 15 m）。每组第一个参赛队员的任一脚踩在越过终点线所在垂直平面的河石后，下个队员接着开始，直至全部队员进行完为止，用时少者名次列前。

图 5 摸石过河

2. 巨人脚步

★所需道具：绑带一副

★活动形式：6 ~ 12 人团体赛

★活动说明：将每组全部参与成员的脚连成两只“巨脚”并走向终点。赛程建议 20 ~ 30 m。以参赛队中的最后 1 名队员身体完全越过终点线所在垂直平面为计时停止，用时少者名次列前。

图 6 巨人脚步

3. 车轮滚滚

★所需道具：软质履带

★活动形式：6 ~ 12 人团体赛

★活动说明：每组成员双脚分别站于履带内侧，协同摇动履带前行。赛程建议 20 ~ 30 m。当履带前端触及终点线所在的垂直平面时，计时停止，用时少者名次列前。

图 7 车轮滚滚

4. 虫虫特工

★所需道具：充气毛毛虫

★活动形式：4 ~ 8 人团体赛

★比赛开始前，队员骑在比赛器材上，双手把住固定把手立于起跑线后，裁判发令后，队员通过协调配合使比赛器材在跑道上行进，赛程建议 30 ~ 50 m。以各参赛队员比赛器材触及终点线为计时停止，用时少者名次列前。

图 8　虫虫特工

5. 拔河比赛

★所需道具：拔河绳

★活动形式：20 人以上团体赛

★活动说明：在场地上画 3 条平行的短线，间隔 2 m，居中的为中线，两边的为界。拔河绳中间系一根红带子作为标记，下面悬挂一重物垂直于中线。参赛的两队人数相等，同时上场。各队选一名指挥员，队员依次交错分别站在河界后拔河绳的两侧，裁判发出“预备”口令，双方队员站好位置，拿起拔河绳，拉直做好准备。待裁判鸣哨后，双方各自一齐用力拉绳，把标记拉过本队河界的队为胜方。

图 9　拔河比赛

十一、廉政建设

（一）工作目标

加强项目党风廉政建设和反腐败工作，落实“一岗双责”，增强项目员工廉洁从业意识，杜绝违法违纪的行为发生，打造一支廉洁诚信、秉公办事的监理队伍，树立公司良好社会形象。

（二）基本工作要求

序号	基本工作要求	量（细）化要求	参照格式
1	1. 项目部建立健全监理项目各项廉政制度。 2. 项目部建立廉政教育制度、廉洁纪律制度、监督制度、预防制度等各项配套制度，形成项目领导，员工监理执业、议事办事、管钱管物与预防腐败相衔接、相匹配的体制机制	建立项目自己的廉政制度，包括不限于以下： 1. 项目党风廉政建设责任制度； 2. 教育制度； 3. 项目集体议事决策制度； 4. 项目关键岗位廉政风险点及防控措施； 5. 监理人员廉洁从业规定； 6. 信访举报工作制度； 7. 监理从业人员廉洁协议； 8. 监理人员承诺书	附件 11.1-11.8（各项目可结合自身实际进行补充、完善，制订出各项目切实可行的廉政制度）
2	项目实行“三上墙”制度。项目部要实行廉政纪律制度上墙、个人廉洁承诺书上墙、监督举报电话上墙的“三上墙”制度	1. 在公共办公区内开辟出专门宣传展板和专栏，宣贯中央、上级、公司、项目的廉政纪律、规矩、文件制度和开展的廉政活动。 2. 将项目领导、员工的廉洁从业承诺书在公共办公区域进行张贴，增强项目领导、员工廉洁从业仪式感，并时刻提醒领导、员工廉洁自律。 3. 在施工现场和办公区域张贴公司纪委及项目监督举报电话、邮箱、QQ、信函通信地址，并指定项目专人负责受理举报和向公司纪委报告	附件 11.9

续表

序号	基本工作要求	量（细）化要求	参照格式
3	项目部加强廉政宣传教育。通过项目内部会议、学习会议，专题活动等方式宣贯中央、上级和公司的会议精神、廉洁纪律、规矩和制度，要以集团公司、中铁科研院《前车之鉴》《警醒》等系统内的案例、活生生的事件为教材，解剖典型，深挖根源，使项目领导人员和员工接受教训，得到警示	1. 监理项目每季度至少召开一次廉政宣传教育会议，可以在各种会议上加入将纪律制度及案例等廉政教育内容。并形成会议纪要备查。 2. 监理项目原则一年开展一次廉政专项活动。留有通知或照片等相关记录	
4	项目部加强日常提醒和廉洁监督约束。项目部通过谈心谈话、日常提醒、签订廉政责任书，监理人员做出个人廉洁从业承诺、建设廉政监督牌等方式加强对监理项目干部员工规范经营、廉洁从业的监督，及时发现和纠正苗头性问题，实现监督常态化	1. 在项目员工进入项目之时，按照层级关系（总监与副总监、总代、部门负责人等谈，总代与所属的组长、关键人员谈等）开展任前廉洁谈话，形成记录。 2. 项目总监需与项目骨干人员（也可以与每一个项目员工）签订廉政责任书。 3. 项目人员（骨干人员必须）作出廉洁从业承诺。 4. 发现项目员工存在廉洁问题，对出现苗头和情节较轻的员工，进行提醒谈话，谈话后由被谈话人作出表态且形成谈话记录，每半年将记录报公司纪委；情节严重的报公司纪委查处，并在相关会议上进行通报。 5. 建设廉政监督牌，开放监督渠道，在施工现场和办公场所公布廉洁举报电话、QQ、邮箱等	1. 项目谈话层级、任前谈话表、提醒谈话表参见《四川铁科党委谈心谈话制度》(川铁科党纪〔2018〕35号）文件及附件。 2. 廉政责任书和承诺书可参考附件11.7、11.8进行修改

续表

序号	基本工作要求	量（细）化要求	参照格式
5	项目部组织开展廉政企检共建、三方共建及区域联建活动。	1. 有条件的项目，可以联合业主、施工方开展三方廉政建设共建活动，或与地方纪检机构开展企检共建活动。 2. 联合区域内或支部区域内其他监理项目部开展廉政区域联建活动	附件 11.10

（三）相关参照模板

附件 11.1：项目党风廉政建设责任制
附件 11.2：项目教育制度
附件 11.3：项目集体议事决策制度
附件 11.4：项目关键岗位廉政风险点及防控措施
附件 11.5：监理人员廉洁从业规定
附件 11.6：项目信访举报工作制度
附件 11.7：监理从业人员廉洁协议
附件 11.8：监理项目个人廉洁从业承诺书
附件 11.9：项目廉政建设“三上墙”例样
附件 11.10：项目廉政三方共建情况报道

附件 11.1

项目党风廉政建设责任制

第一章 总则

第一条 为加强项目党风廉政建设和反腐败工作，落实项目领导人员“一岗双责”，明确项目领导班子、领导干部在党风廉政建设中的责任，促进项目各项工作的全面发展，根据中共中央、国务院《中国共产党廉洁自律准则》《国有企业领导人员廉洁从业若干规定》和《四川铁科党委关于落实党风廉政建设“两个责任”实施办法》的有关要求，结合项目部实际，制定本制度。

第二条 实行项目党风廉政建设责任制，要以马克思列宁主义、毛泽东思想、邓小平理论、“三个代表”重要思想、科学发展观、习近平新时代中国特色社会主义思想为指导，坚持从严管党治党，坚持依规治党、标本兼治、惩防并举、注重预防，扎实推进惩治和预防腐败体系建设，保证党中央、上级关于党风廉政建设和反腐败斗争的决策和部署的贯彻落实。

第三条 实行项目党风廉政建设责任制，要坚持在公司党委的统一领导下，党支部与项目齐抓共管，各监理站、组（分站）、部门各负其责，依靠群众的支持和参与，坚持谁主管、谁负责，一级抓一级、层层抓落实。

第四条 项目把党风廉政建设作为目标管理重要内容，纳入项目各级领导人员季度考核内容。

第二章 责任内容

第五条 项目所属现场党支部对项目党风廉政建设和反腐败工作负全面领导责任，党支部书记是项目党风廉政建设和反腐败工作的第一责任人，对项目的党风廉政建设和反腐败工作进行总体部署、指导和监督，重点对区域内项目负责人廉洁从业、抓项目党风廉政建设和反腐败工作情况进行监督。

第六条 项目负责人（总监）对项目党风廉政建设和反腐败工作负直接领导责任，是项目党风廉政建设和反腐败工作的直接责任人，负责组织开展项目党风廉政建设和反腐败工作，并对项目领导班子、副总监（总代）、分站长、部门负责人廉洁从业情况负直接领导责任。

第七条　项目副总监（总代）、分站长、部门负责人对职责范围内党风廉政建设和反腐败工作及项目人员廉洁从业情况负直接领导责任。

第八条　项目领导班子、领导干部在党风廉政建设中承担以下领导责任：

1. 加强项目员工教育。组织项目领导、员工认真学习十八大以来各次会议、十九大会议和习近平同志系列重要讲话精神，学习国资委、股份公司、中铁科研院及公司关于党风廉政建设和反腐败工作的会议精神，组织开展廉洁教育活动，统一思想，提高认识，抓好项目班子和员工的廉政建设。

2. 严格执行重要问题集体决策制度，在项目涉及重大生产经营决策，重大资产设备购置、租车租房、骨干人员使用推荐，重要岗位调配等问题上，必须召开项目相关会议集体研究决定，再向公司相关业务部门报批，防止个人说了算，自觉接受群众监督。

3. 严格控制招待费的开支，要厉行节约，严格掌握标准，严禁奢侈浪费，并按公司项目业务费管理办法向公司业务部门报批，每一年向全体项目员工报告一次招待费开支情况，增强透明度，自觉接受群众监督。

4. 严格财经纪律，强化财务管理，严格执行公司项目备用金管理制度，合理安排资金的使用，严禁弄虚作假、虚报费用。严格控制计划外开支，禁止把与工作无关的票据进行粘贴报销；领导人员尤其要严格自律，不搞特殊化，不搞个人说了算。

5. 加强物资设备采购和设备租赁管理，严禁以损坏项目利益来换取个人所得，不得擅自将公司财产借给他人无偿使用。

6. 领导人员要以身作则，不得利用职权在工作范围内为亲属、老乡、朋友办事创造条件、谋取私利，不得以损坏项目利益拉关系。

7. 加强项目车辆的配备使用，严格按照公司规定执行，严禁租用项目员工及其亲属车辆，严禁超标准配车，严禁公车私用。加强对车辆的管理，保证车辆的合理使用。

8. 带头执行上级和项目廉政建设的各项规定，严格要求，做好表率。发扬艰苦奋斗的精神，不出入高档场所、娱乐场所，严禁公款消费高档烟酒、聚餐、旅游和变相旅游。领导人员要做到自重、自省、自警、自励，真心诚意地为职工办好事、办实事，不利用职务上的便利为请托人谋取利益和以各种形式收取请托人红包、礼金、有价证券、纪念品等财物，为项目员工做好表率作用。

第三章　各级管理人员职责

第九条总监理工程师职责：

1. 全面组织、部署项目党风廉政建设和反腐败工作。

2. 组织研究和制订项目党风廉政建设和廉洁从业相关制度。

3. 组织项目员工学习和传达中央和上级最新会议精神、党风廉政建设和反腐败斗争最新要求和廉政相关文件。

4. 发挥项目班子领导作用，不搞个人说了算，在处理重大问题决策时要虚心听取他人正确意见，自觉落实集体决策制度。

5. 加强对项目副总监（总代）、分站长、部门负责人廉洁从业管理和监督，检查他们的工作和廉洁从业情况，发现苗头性问题及时提醒，重大违纪违法问题及时向公司纪委报告。

6. 按照中央、上级党风廉政建设和反腐败斗争、廉洁纪律相关规定，严格要求自己，自觉自愿地按规章制度办事，不越级，不出格，不违规、不犯法，自觉接受群众监督。

7. 把好项目监理服务、安全质量、物资采购和租用，用人预选等关键节点，加强对各级管理人员教育，提要求，严考核。

第十条　副总监、分站长（总代）职责：

1. 认真组织职责范围内员工学习和传达中央和上级廉政建设和反腐败斗争精神，落实公司有关党风廉政建设文件，执行各项廉洁制度，不断提高对党风廉政建设反腐败斗争的认识，把反腐倡廉工作贯彻到日常工作中去。

2. 按照职责范围，对自己分管的具体事务和员工，加强廉洁从业管理和监督，检查他们的工作和廉洁从业情况，发现苗头性问题及时提醒，重大违纪违法问题及时向总监和公司纪委报告。

3. 按照中央、上级党风廉政建设和反腐败斗争、廉洁纪律相关规定，严格要求自己，以身作则、严格要求。在对外业务与客户交往中做到不收礼，把好人情关。

第十一条　监理组长（工程师）责任：

1. 认真组织职责范围内员工学习和传达中央和上级廉政建设和反腐败斗争精神，落实公司有关党风廉政建设文件，执行各项廉洁制度决定，不断提高对反腐倡廉工作的认识，把反腐倡廉工作贯彻到日常工作中去。

2. 按照职责范围，对自己管属内员工廉洁从业进行管理和监督，检查他们的工作和廉洁从业情况，发现苗头性问题及时提醒，重大违纪违法问题及时向公司纪委和总监报告。

3. 按照中央、上级党风廉政建设和反腐败斗争、廉洁纪律相关规定，严格要求自己，以身作则、严格要求。在对外业务与客户交往中做到廉洁自律，公平公正开展工作。

第四章 责任考核

第十二条 每半年对项目监理站、分站（组）、部门党风廉政责任制执行情况进行考核，考核内容有：

1. 是否加强职责范围内的党风廉政建设和反腐败工作领导，职责范围内是否出现明令禁止的不正之风，造成不良影响。

2. 是否组织职责范围内员工开展学习传达中央和上级党风廉政建设和反腐败斗争相关会议精神和文件制度。

3. 对上级领导机关交办的党风廉政建设责任范围内的事项是否传达贯彻、安排部署、督促落实。

4. 是否存在疏于监督管理，致使职责范围内员工发生违规违纪问题的情况。

5. 是否存在职责范围内发现的违纪违法行为隐瞒不报，苗头性问题不及时处理情况。

6. 是否每半年召开一次群众座谈会，能否在会上开展批评与自我批评，特别是接受群众批评意见，是否对项目领导在党风廉政建设上存在的问题，提出自己的意见。

第五章 奖惩办法

第十三条 通过综合考评，在党风廉政建设上做得好的监理站、部门、个人，可以给予表彰、奖励，并在个人业绩考核和年度项目目标考核分配中体现，同时作为报公司当年年度考核评优和评选各类先进的资格。

第十四条 通过考核项目领导干部有存在问题情节较轻的，给予批评教育、诫勉谈话、责令作出书面检查；情节较重的，给予通报批评；情节严重的，报公司给予党纪政纪处分，或者给予调整职务、责令辞职、免职和降职等组织处理。

第十五条 按照“谁管谁负责”的原则，在管辖范围内出现廉洁问题，根据情况除对当事人进行批评教育、上报公司纪委处置外，还要追究直接领导人员的责任。

第六章 附则

第十六条 本规定自发布之日起施行。

附件 11.2

项目教育制度

为实现“服务优质，队伍优秀”目标，遵照“教育为主，预防在先”的原则，制定本制度。

一、教育对象

本项目全体领导人员、员工都属于接受教育的范围。

二、教育内容

1. 党的路线、方针、政策及上级重要文件的学习教育。
2. 党纪、政纪、法律及有关廉洁从业规定的教育。
3. 违法违纪案例和清正廉洁先进典型的教育。
4. 有关职业道德、社会公德、家庭美德的教育。
5. 公司相关活动制度教育和党风廉政状况分析教育。

三、教育的形式

采取自学、集中学习、上专题课、参观、研讨等方式开展教育。

1. 每年组织实施专题性的集中教育活动不少于 2 次。
2. 每季组织项目部人员参加的廉政学习会 1~2 次。
3. 根据工作需要，针对不同的对象可采取临时性的教育措施。每次教育活动情况均应登记在《廉洁从业教育活动台账》中，台账记录设于项目部，以接受各级廉政建设相关检查组的定期和不定期检查。

附件 11.3

项目集体议事决策制度

一、集体议事的要求

为落实“三重一大”集体决策制度，按照“集体领导，民主集中，个别酝酿，会议决定”的议事规则，遵循“公开、公正、公平”的办事原则，对涉及项目管理的重大事项、重要议题落实集体议事制度，保证项目各项决策的民主性和科学性，确保监理服务与党风廉政建设同步推进。

二、集体议事的参与对象

根据议事内容和工作关联性，确定参加议事的人员。通过项目领导班子会议、项目管委会会议和项目工作（专题）会议等形式进行集体议事。需要公司相关职能部门指导帮助时，应邀请公司相关部门负责人或委托人参加。

三、集体议事的内容

1. 项目组织机构设置、变动，各部门、各监理站人员配置，重要岗位人员任职、提拔、薪酬调整建议。

2. 项目重要规章制度的制订、修订和项目重大活动安排。

3. 项目管理、技术与专项方案管理、安全质量环保管理、物资管理、合同管理、责任成本预算管理及考核、财务管理、完工及收尾管理等流程审核。

4. 项目大宗设备的采购合同评审和项目租房、租车合同评审。

5. 重要岗位内部业绩考核，项目考核分配方案和奖惩方案。

6. 各级评先评优人选推荐。

7. 项目责任成本预算，项目执行计划书审核。

8. 施工工程重大变更、竣工决算方案的审核、确定。

9. 处理项目发生的质量安全大事件。

10. 项目部领导或公司有关部门认为有必要集体商定的重要事项。

四、集体议事的要求

1. 集体议事的内容范围必须在项目部规定的权限内，对集体讨论作出的决策任何人不得违背；涉及保密内容的，在解密前任何知情人不得泄露。

2. 集体议事原则上实行一月一议制，根据急事急办的原则，出现紧急情况，可根据需要召开临时会议；

3. 集体议事的情况，要形成书面记录，参加议事的人员要签字认可，各项记录应有专人保管，以备查核。

附件 11.4

关键岗位廉政风险点及防控措施

序号	流程	所处环节	岗位对象及廉政风险点		防控措施
			岗位对象	廉政风险点	
1	选人用人	项目员工任用、提拔预审核	总监、各分站长等	1. 选用项目总监、副总监、总代、试验主任等人员直系亲属在本项目就职。 2. 任人唯亲，不利管理。 3. 虚报人员，冒领工资。 4. 懒工待岗，影响恶劣	1. 人员预选进行集体决策。 2. 公开举报渠道。 3. 进场时对所有项目人员公示，让项目人员互相监督
2	房屋设备租赁	租车租房预审核	总监、分站长、综合部部长等	1. 租用员工及亲属车辆。 2. 高于市场价租房	1. 集体决策决定。 2. 进行多家比选。 3. 公开举报渠道
3	物资采购	项目物资设备、办公用品采购	综合部人员	1. 虚假采购物资。 2. 价格偏高	1. 采购环节两人以上进行。 2. 加强点验工作。 3. 进行比选
4	报销费用	对外接待	项目部人员	1. 非真实对外接待费用。 2. 高档消费。 3. 虚报发票	1. 项目审批领导加强业务真实性核查。 2. 厉行节约，指定专门负责对外接待费用支付。 3. 试行业务费先申请、后使用。 4. 严格证明人签验手续，加强互相监督
5	施工单位材料采购	施工单位自行采购材料	专业监理工程师	对材料把关不严，使不合格材料应用于工程	加强随机抽检频率
		抽检	试验检测人员	被材料供应商和施工单位收买，改动检测数据，故意隐瞒材料质量问题	如建设单位抽检发现不合格的材料，将相关责任人纳入考核，严重的清除出场

续表

序号	流程	所处环节	岗位对象及廉政风险点		防控措施
			岗位对象	廉政风险点	
6	分包管理	审查	总监、专业监理工程师	1. 未按监理规定，对合同分包进行审查，纵容施工单位进行违法转包或违法分包。 2. 介绍与已有利益关系的分包队伍或者把部分工程切割后，指定其他单位或人员实施	1. 发现问题及时处理，并追究连带责任。 2. 组织签订三方廉政合同。 3. 加强对廉政合同执行情况的考核，考核结果纳入个人考核
7	分项工程验收评定	评定验收	专业监理工程师	1. 接收施工单位的贿赂，虚报工程质量合格率。 2. 降低评判标准。 3. 提高评定分数。 4. 对发现的问题不及时要求整改或帮施工单位隐瞒过关	1. 监督监理单位制订严格的预验收制度和措施，并确保执行，形成多人决策机制。 2. 对弄虚作假的一般监理实行考核制度，严重的清除出场
		验收小组复验	专业监理工程师	复验流于形式，无视施工单位整改不合格，帮其隐瞒过关	
8	计量管理	审核确认	总监、专业监理工程师	1. 故意拖延审核计量周期实现不正当利益	1. 明确审核计量周期及流程，如发生拖延，必须以书面方式说明原因。 2. 限时办结，既规定每道审核环节必须完成的时间，并将是否及时审签纳入相应的考核范围，定期进行考核

续表

序号	流程	所处环节	岗位对象及廉政风险点		防控措施
			岗位对象	廉政风险点	
8	计量管理	审核确认	总监、专业监理工程师	2. 对施工单位的虚报、多报计量不予核减。 3. 不认真审核不合理的合同外工程单价	3. 对监理单位的履约情况进行考核，考核结果与费用支付和信用评价挂钩。 4. 定期对监理人员工作质量进行考核
9	设计变更	初审	总监、专业监理工程师	1. 对变更立项、工程量和单价审查把关不严。 2. 接办施工单位提出的不合理的变更要求。 3. 对施工单位弄虚作假骗取不正当利益行为做伪证	1. 签订多方廉政合同。 2. 对监理单位的审核后的工程数量和单价被核减数额，实施对监理单位严格的考核和管理，对施工单位串报工程量的监理人员清除出场，严重时追究法律责任。 3. 严格控制现场签证数量及次数，只有极个别特殊情况允许现场签证，一般情况均应履行工程变更手续，对现场签证必须有施工单位、监理单位、建设单位三方参加，并完善现场资料，留有影像资料

附件 11.5

监理人员廉洁从业规定

为贯彻公司“廉洁诚信、严谨公正”的廉洁理念，加强项目廉政建设，确保公司社会信誉、工程质量和全面行使监理权力，打造一支廉洁诚信、秉公办事的监理队伍，对监理人员廉洁从业作出如下规定：

1. 不接受承包商赠送的礼金、有价证券和贵重物品；不准向承包商索要加班、交通费、通信费和红包；不准向承包商报销任何应由自己支付的费用。

2. 不得参加承包商或业主安排的宴请和娱乐活动，若属因工作原因不能返回项目部吃饭，在工地吃工作餐不在此例。

3. 不得接受承包商提供的通信工具、交通工具或高档办公用品。

4. 不得要求或接受承包商为其住房装修、婚丧嫁娶活动、配偶子女的工作安排以及出国出境、旅游等提供方便。

5. 不得利用合同或业主赋予的监理权力故意刁难承包人或伙同承包人隐瞒工程质量隐患，以满足个人利益。

6. 不准向承包商推销各种材料、机械；不准让所辖承包商安排自己的亲友、施工队、施工机械。

以上规定如有违反，情节较轻的，予以公开批评教育；情节严重的，依照有关党纪政纪条规给予处分；触犯刑律的，移交司法机关追究刑事责任。

附件 11.6

项目信访举报工作制度

为进一步规范项目部信访举报工作，充分发挥信访工作的联系沟通、信息反馈、监督保障和协调疏导作用，增强群众监督的力度，根据上级纪检监察机关有关规定，结合项目实际，制定本工作制度。

一、信访举报工作的受理范围

1. 项目监理人员违反党章和其他党内法规，违反党的路线、方针、政策和决议，利用职权谋取私利和其他败坏党风政风行为的检举控告。

2. 监察对象违反国家法律、法规和决定、命令以及政纪行为的检举、控告。

3. 项目员工和监察对象对所受党纪政纪处分或项目所作的其他处理不服的申诉，要求进行复议、复查的来信来访。

4. 其他涉及党风廉政建设和党纪政纪方面的问题。

5. 项目领导交办的反映有关问题的信访件。

6. 上级纪委转办和交办的有关信访件。

7. 政法机关转交的有关信访件。

二、信访举报工作程序

（一）来信办理

1. 收信。群众来信要当日拆封，要保证信封和信件的完整性，尤其是要注意保证信封上邮戳和文字的完整。将信件正文、信封及附件等材料一并装订。

2. 阅信。信访受理工作人员要认真阅读来信的内容，根据来信的内容，进行分类处理；在《项目信访举报工作登记表》上登记来信的内容和项目；根据信件所反映的基本内容，进行初步筛选和具体问题的核实工作，呈报项目主管领导审批。

3. 审批。信访工作人员要将原信和附件，及其所填写的呈批表一并呈送给主管领导审批，根据主管领导的书面批示意见，转交有关部门和人员具体办理。

4. 办理。(1)上报查办。一般由上级纪委和公司党政领导责成查办的信件，以及反映重要问题不便于项目查办的信件，报纪委办公室直接进行处理。(2)项目部内交办。按照问题情况和管理权限，对一些项目能查办的问题，项目负责人组织人员进行查办，并将查办的结果书面报告纪委办公室。

5. 归档。信件办理完毕后，项目信访工作人员要按照纪检监察信访举报工作的要求和公司档案工作的有关规定立卷归档，严禁将信件及相关材料泄漏或遗失，信件一般按年度归档。

(二)来访接待

1. 项目部信访接待员对来信来访一般要保证 2 人以上负责接待，一人主谈，一人做好记录工作。

2. 在接谈时，要首先问清来访者的单位、姓名及联系方式等自然情况。

3. 对于接谈的内容，要认真做好记录，并要求举报人在记录上签字认可，作为查办材料；反映重要内容的问题，还要求举报人进一步提供书面材料，以备查处。

4. 对于来访件的报批、处理、了结及归档等相关手续，依据上述处理来信工作的一般程序办理。

5. 对集体来访要认真做好疏导工作，防止矛盾激化，必要时领导要出面做工作。

(三)电话举报

项目部设立专门的举报电话，负责接待人民群众的电话举报。在受理电话举报的过程中，要注意做到：

1. 接听举报电话的工作人员要认真负责地做好接听工作。

2. 接听人要对所举报的内容认真记录在案，不清楚的地方，要及时向举报人核对清楚，避免出现错漏现象。

3. 在工作条件允许的情况下，可采取电话录音的方式，受理群众电话举报。

4. 将举报电话的记录内容，转交给具体负责信访举报工作的承办人员，并做好具体交接工作。

5. 对于电话举报件的报批、处理、了结及归档等相关手续，依据上述处理来信工作的一般程序办理。

三、信访举报件的主要办结方式

项目举报受理部门对信访件的办结方式主要有以下几种：

1. 转为初查核实的信访件。这类信访件在查处工作中，发现所反映问题基本属实，且构成违纪应当追究相关责任人纪律责任的，要转为初查核实件，报公司纪委办理。

2. 给予批评教育处理的信访件。这类信访件所反映的问题基本属实，但尚不构成违纪，要对所构成的问题予以纠正，并对相关责任人进行批评教育。

3. 予以了结处理的信访件。这类信访件所反映的问题基本失实，且不需要进行相关处理，由信访工作人员根据调查了解的情况写出书面材料，由项目主管信访工作的领导签署书面意见后，作了结处理。

4. 予以存查处理的信访件。对于缺乏明确线索的信访件，可暂时予以存查，待今后有进一步线索再进行查处，这类信访件要在有关领导批示认可后，作为存查件登记在册，妥善保管。

四、信访统计和分析总结工作

根据上级纪委的有关要求，信访工作人员要认真做好信访统计、分析汇总和年度总结的工作。

1. 统计工作。按上级要求，每年及时填报《信访举报工作统计表》(一般为每年 12 月 1 日前报送公司纪委办公室)。来信的数量一般用“件”表示，来访的数量一般用“人次”表示，举报电话的数量一般用“次”表示，来信来访及电话举报总数一般用“件次”表示。

2. 分析总结工作。信访工作人员要将信访件办理的综合情况和信访工作开展的情况，按时写出分析汇总材料，重要问题的信访件要随时写出专题报告，提供领导参考。

附件：信访案件台账

年信访举报台账

单位（盖章）：　　　　　　　　　　　　　　　　　　日期：　　年　　月　　日

序号	信访人	地址或单位	联系电话	反映的主要问题	是否积案	处理情况	
						未处结	处结

附件 11.7

监理从业人员廉洁协议

为进一步强化廉政建设，提高廉洁自律意识，预防岗位职务犯罪，树立监理人员良好形象，从思想源头上杜绝违规违纪事件的发生，结合项目实际，签订本协议。

1. 遵守国家法律法规和公司的各项管理规章制度，自觉遵守职业道德，不断增强法律意识和法治观念。

2. 依法办事，恪尽职守，严格按合同约定，为工程提供优质监理服务，确保工程质量，确保国家和人民群众生命财产安全。

3. 工作中不弄虚作假，严格执行规范、规程和技术标准，如实收集整理好种类资料、档案，不做假资料或“账外账”，并对自己签认的各种资料负责。

4. 遵守社会公德，不利用职务上的便利，占用公共资源进行营利性活动。

5. 在监理工作中时刻践行“廉洁诚信、严谨公正”的廉洁理念。

6. 不以任何形式向施工方、材料供货方索取回扣、好处费、礼金、有价证券或其他财物，不在施工方、供货方报销应由个人支付的费用。

7. 不与受监理方就工程承包、工程费用、材料设备供应、工程量变更、工程质量等业务活动在私下商谈而达到相互的利益，不干预施工方自主经营及工作安排，坚持“守法、诚信、公正、科学”的执业准则。

8. 不与施工单位串通，损害业主利益。

9. 不明示或暗示要求施工单位安排宴请及旅游、娱乐活动，不参加施工单位安排的超标准宴请和娱乐活动。

10. 按照聘用合同的规定在聘用单位从事监理工作，不擅自离聘，对因个人擅离职守给工程或聘用单位造成的损失，承担相应的经济责任。

11. 本协议书自签字之日起生效。

12. 本协议一式二份，由甲乙双方各执一份。

甲方：监理项目部（章）　　　　　　　　乙方：监理人员

总监理工程师：　　　　　　　　　　　　年　　月　　日

附件 11.8

监理项目个人廉洁从业承诺书

为加强×××工程项目建设中的廉政建设，规范工程建设项目各项管理，预防各种谋取不正当利益的违法违纪行为的发生，维护国家、集体和个人的合法权益，确保工程建设顺利进行，根据国家有关工程建设的法律法规和上级的相关规定，本人就廉洁从业事项郑重作出承诺：

一、严格遵守国家关于工程建设、施工生产和市场活动等有关法律、法规、相关政策以及廉政建设的各项规定。

二、严格执行建设工程项目监理委托合同文件，自觉按合同办事。

三、业务活动必须坚持公开、公平、公正、诚信、透明的原则（除法律法规另有规定者外），不得获取不正当的利益，损害国家、集体和对方利益，不得违反工程建设管理、施工生产的规章制度。发现对方在业务活动中有违规、违纪、违法行为的，应及时提醒对方，情节严重的，应向其上级主管部门或纪检监察、司法等有关机关举报。

四、在工程建设的事前、事中、事后自觉做到以下几点：

1. 不向施工方索要或接受回扣、礼品、礼金、有价证券和支付凭证等。

2. 不在施工方报销任何应由本方或个人支付的费用。

3. 不要求、暗示和接受施工方为个人装修住房、婚丧嫁娶、配偶子女的工作安排以及出国（境）、旅游等提供方便。

4. 不参加有可能影响公正执行公务的施工方宴请和健身、娱乐等活动。

5. 不向施工方违规推荐分包单位、施工队伍和工程材料、设备等生产厂家、供应商；不要求施工方为自己亲友的经营活动提供便利条件；不准向承包商推销各种材料、机械；不准让所辖承包商安排自己的亲友、施工队、施工机械。

6. 不接受施工方无偿提供使用的劳务和交通工具、通信工具、高档办公设备等；不接受施工方的任何奖金或其他经济利益。

7. 不得利用合同或业主赋予的监理权力故意刁难承包人或伙同承包人隐瞒工程质量隐患，以满足个人利益。

上述承诺，请组织和领导、员工监督，如有违背，甘愿接受处理，并愿按有关要求，接受组织考核。

单位：×××项目部

职务：

承诺人：

年 月 日

十二、党群建设

（一）工作目标

结合新时代党的建设总要求，推动全面从严治党向纵深发展，着力建设高素质专业化干部队伍，着力把基层党组织建设成坚强战斗堡垒，着力打造一支适应监理企业加快发展需要的高素质人才队伍，确保党的领导核心落实到项目。

（二）基本工作要求

序号	基本工作要求	量（细）化要求	参照格式
1	学习宣传贯彻党的十九大精神和习近平新时代中国特色社会主义思想	各基层项目部均需设置宣传标语、展板，根据情况及时更新	
2	召开党支部党员大会（基层党支部）	1. 党支部大会每季度至少开展一次；支委会、党小组会每月至少一次。 2. 完成《党支部工作指引》以及每季度下发的《党支部工作详解》的要求	
3	讲党课（基层党支部）	1. 每季度至少开展一次党课。 2. 联系本支部领导，每年至少到基层党支部上一次党课。 3. 党支部书记必须上党课，可聘请党建专家讲党课，支部委员根据需要也可上党课。 4. 完成《党支部工作指引》以及每季度下发的《党支部工作详解》的要求	
4	召开支委会（基层党支部）	1. 支委会每月至少一次。 2. 完成《党支部工作指引》以及每季度下发的《党支部工作详解》的要求	

续表

序号	基本工作要求	量（细）化要求	参照格式
5	召开党小组会（党小组）	1. 党小组会每月至少一次。 2. 完成《党支部工作指引》以及每季度下发的《党支部工作详解》的要求	
6	召开党支部组织生活会	1. 党支部组织生活会每年至少召开一次。 2. 邀请党委委员参加支部组织生活会（原则上为联系本支部领导）。 3. 完成《党支部工作指引》以及每季度下发的《党支部工作详解》的要求	
7	开展民主评议党员活动	1. 民主评议党员工作根据公司党委的统一安排，一般两年开展一次。 2. 民主评议党员工作与“一先两优”评选结合起来。 3. 完成《党支部工作指引》以及每季度下发的《党支部工作详解》的要求	
8	发展党员工作	1. 做好入党积极分子的培养工作。 2. 前一年提出发展党员计划。 3. 发展党员工作根据公司每年计划开展。 4. 完成《党支部工作指引》以及每季度下发的《党支部工作详解》的要求	
9	明确党支部工作职责	1. 支委会、党支部书记、委员、党小组、党小组长等工作职责上墙。 2. 完成《党支部工作指引》以及每季度下发的《党支部工作详解》的要求	
10	明确支部工作制度	1. 制订本支部会议、党课、联系群众、党员考评、党员管理教育、支部委员会的分工负责等基本制度。 2. 完成《党支部工作指引》以及每季度下发的《党支部工作详解》的要求	
11	开展换届改选工作	1. 根据党支部任期制度，任期届满召开党员大会进行换届改选工作。 2. 完成《党支部工作指引》以及每季度下发的《党支部工作详解》的要求	

续表

序号	基本工作要求	量（细）化要求	参照格式
12	落实党委工作部署	1. 根据公司党委工作要点、任务分工，做好党委各项工作的落实，开展好每年的主题活动。 2. 完成每季度下发的《党支部工作详解》	
13	落实党风廉政建设主体责任，做好“一岗双责”	1. 加强支部所辖片区廉洁从业教育。 2. 与所辖片区总监签订责任书。 3. 出现廉政问题倒查项目总监、党支部书记责任。 4. 完成每季度下发的《党支部工作详解》	
14	支持工会、共青团的工作	1. 支部书记、项目总监组织好本（支部）项目会员、团员开展有益的文体活动。 2. 支部书记、项目总监支持公司工会、团总支组织的活动，积极派员参加公司及总院组织的各项活动	
15	各基层项目明确 1 名党群工作联络员（无党员项目）	1. 联络员由项目（副）总监或办公室主任兼任。 2. 具体负责党群工作联系沟通，确保公司党委各项制度措施要求在基层项目的落实。 3. 所属党支部各项规章制度上墙。 4. 所属党支部相关资料留存备查。 5. 协调外聘员工中的党员管理工作	

（三）相关参照模板：无。

下　册

十三、工作规范与总体要求

（一）总则

1 适用范围

本手册适用于公司各职能部门、分公司、项目监理机构。

2 指导内容

本手册根据机关各部门职责，对工作中办理相关事项所需内容进行阐述提取。

3 规范要求

3.1 规范沟通方式是为了节省重复沟通耗时，提高事务处理效率和工作质量。

3.1.1 项目信息书面沟通要求

3.1.1.1 邮件发送注意保密性。项目应根据需办理业务种类，通过项目工作邮箱发送给对应职能部门邮箱，不得采用私人邮箱，不得发送无关人员。

3.1.1.2 邮件主题（标题）填写规范，目的明了。邮件内容要求：段落分明、结构清晰、重点突出，文字表述清楚、简练，用语忌言辞激烈或夹杂个人情绪，不用口头语。决定性、关键性内容要点应在正文中描述，附件只作为详细分析说明。附件名称应标注完整。

3.1.1.3 不要发送、转发与政治、宗教相关的邮件。

3.1.1.4 请示汇报类邮件须先经项目总监审批后，通过项目工作邮箱发送提交，职能部门对于个人邮箱来源的邮件可不予处理。

3.1.1.5 重要紧急事项，在发送邮件后需用电话、微信、短信等方式确认邮件是否收到。

3.1.2 项目信息电话、微信等沟通要求

3.1.2.1 对于简单明了且及时能得到确认的事项，或突发事项、紧急事项，建议采用电话、微信或短信等快捷方式进行沟通。

3.1.2.2 电话沟通注意控制时间，意见表达清晰简洁、直奔主题。通话时间太长容易导致沟通对象注意力不集中而影响沟通效果，降低工作效率。

3.1.2.3 微信、短信沟通应简明扼要，富有条理，将事由及期待获取的

帮助、指导或处理结果表述清楚。

3.1.3 职能部门邮件处理要求

3.1.3.1 对不熟悉来源的邮件，需确认无危害后才可打开，避免病毒侵入，保障办公系统网络安全。

3.1.3.2 各职能部门对需要给出审批意见的邮件应遵循如下处理方式：

3.1.3.2.1 请示汇报类邮件，应做来文处理，及时给项目反馈“回执号”。在文件处理的各节点阶段，保持与项目联系，反馈审批处理情况，如遇到资料不符合要求的，应及时告知项目退回或不受理的原因。

3.1.3.2.2 建议类邮件的批示，应以“参阅”“阅处”“即办”之一进行回复、转发。各项批示意见含义为：参阅：不需办理，了解皆可，不必对“发件人”进行结果反馈。阅处：邮件涉及事项不需“发件人”直接决定或表示意见，交由“收件人”了解情况、决定处理方案并安排办理的事项。如“发件人”未明确要求反馈结果的，可不反馈。即办：马上处理。邮件中已有明确处理方案的按审批意见立刻办理，无明确处理方案的，“收件人”应在与“发件人”沟通后立即处理，并在完成后对“发件人”进行结果反馈。

3.1.3.3 无保留价值的邮件阅后及时删除，需要归档的邮件及时归档留存。

4 情感倾诉、思想动态

公司开辟“书记信箱”（×××@×××）和“工会主席信箱”（×××@×××），以实现对员工情绪情感倾诉、思想动态的有效收集。员工可以向公司领导咨询、反映、反馈问题。公司领导在查看后，应及时或选择适当时机予以答复和解决。

4.1 各职能部门电话及邮箱

部　门	座　机	邮　箱
党委工作部（工会办公室、团委办公室）		
综合办公室（法律合规部）		
人力资源部（党委干部部）		
经营开发部		
安全生产部（工程技术部）		
财务会计部		
成本管理部		
纪委办公室（审计部、监察部）		

5 电子化移动办公要求

为提升办公效率，加快“互联网+”信息化建设，公司实行电子化移动办公，已采用钉钉软件作为公司办公软件并全面推行。该软件多端（PC 端、手机端、平板端、网页端）数据实时同步，方便各职能部门与项目之间的沟通、事务处理。目前已实行的审批程序有：人员转正、用章申请（公章）、印章外借、证照使用申请、档案借阅、日志、风险源月报等。对于本手册中条款与钉钉软件有冲突时，以及钉钉软件后续开通的其他审批程序的，都优先选用钉钉软件中的审批流程。

6 注意事项

6.1 未涉及办理事项可联系综合办公室确定工作主办部门。

6.2 各办理事项按以下流程办理，重大、紧急事项报部门及领导：

6.2.1 项目所办事项申请文件接收责任为主办部门；

6.2.2 主办部门收到后牵头处理，拿出具体、明确意见，协办部门填写意见；

6.2.3 部门权限范围内满足公司管理办法要求的，部门审批决定；

6.2.4 部门权限外且满足公司管理办法要求的，主办、协办部门拿出意见，报分管领导审批决定或召开专题会讨论决定；

6.2.5 部门权限外且不满足公司管理办法要求的，主办、协办部门提出意见，报分管领导审核并提出意见后，由主办部门交综合办公室申请总经理办公会、专题会讨论决定；

6.2.6 决定事项由主办部门回复项目。

6.3 项目到公司办理具体事项以书面为主，各事项申请根据公司管理办法要求格式填写，无具体要求的格式自拟，说明事由及具体办理事项。

6.4 项目办理紧急事项的可书面和口头同时进行。

6.5 办理资料中需留办理联系人姓名、电话等联系方式。

6.6 除必须用到纸质办理事项的，一般资料以电子文档格式传递，电子文档为 PDF 格式，加盖项目电子公章和项目负责人签名。

6.7 如在审核、审批中有工作滞后、投诉情况，经办主体可报综合办公室，确认为机关办事存在问题的，按照机关人员业绩考核管理进行业绩扣分、罚款，并纳入督查督办事项，造成恶劣影响的按公司重大不良行为处罚。

6.8 项目负责人、项目办公室人员应熟知作业手册要求、程序，以提高办事效率，避免多头汇报、办理。

6.9 机关各部门成员、联系方式见通信录。

7 企业对外宣传平台

7.1 官方网站：

7.2 公司钉钉账号：×××，由员工个人下载“钉钉”，提交申请，管理员批准加入。

7.3 公司官方微信公众号及经营的“轨道咨询”微信公众号。

8 增值税专用发票

注：请各项目员工将公司开票信息保存至手机相册或微信发票助手，方便开票时向对方提供。

（二）项目管理作业指导及配套表格

序号	项目实施阶段	工作事项		配套附表编号	主办联系部门	协办联系部门	联系电话
1	项目投标阶段	项目跟踪情况汇报	投标项目信息记录表	1.1	经营开发部		
			项目跟踪及经营开发费用预算申请表	1.2			
2		资格预审、投标评审		2.1-2.2	经营开发部	各评审职能部门	
3		异地备案、入库		/	经营开发部	各部门	
4		标前成本测算		/	经营开发部		
5		投标保证金、保函办理		5.1	经营开发部	财务会计部	
6		总监答辩组织		/	经营开发部	安全生产部（技术方面）	
7		中标通知书办理		/	经营开发部		
8		履约保函		/	经营开发部	财务会计部	
9		预付款保函		/	财务会计部	经营开发部	
10		开立项目银行账户		/	财务会计部	项目部	
11		投标保证金、保函收回		/	经营开发部	财务会计部	
12	合同签订变更阶段	监理合同洽商、签订、变更、补充、（中止）终止、索赔办理		/	经营开发部	合同管理各职能部门	
13	项目实施阶段	监理合同借用		13.1	经营开发部		

续表

序号	项目实施阶段	工作事项			配套附表编号	主办联系部门	协办联系部门	联系电话
14	项目实施阶段	行政办公方面	项目公章刻制启用、项目机构成立		14.1-14.2	综合办公室	经营开发部、人力资源部	
15			印信规范管理	公司印章使用审批	15.1	综合办公室	各职能部门	
				统一项目上报公司报告的要求	15.2		/	
16			证照借用		16.1	综合办公室	各职能部门	
17			总监任命等		/	党委干部部	党委工作部	
18			项目对外宣传报道		/	党委工作部	综合办公室	
19			项目大事记、新闻动态		/	综合办公室	党委工作部	
20			项目荣誉申报		/	安全生产部（技术方面）	综合办公室	
21	项目实施阶段	行政办公方面	个人荣誉申报（协会、学会，各业务口等）		/	按照各对口业务部门负责的原则（协会、学会的评先评优由工程技术部负责，党委评先评优的由党委工作部负责，公司评先评优由工会办公室负责，成本管控评先评优由成本管理部负责）	人力资源部	

续表

序号	项目实施阶段	工作事项			配套附表编号	主办联系部门	协办联系部门	联系电话
22	项目实施阶段	行政办公方面		学术论文撰写及公开发表	/	工程技术部		
23				项目监理规划审批	23.1	工程技术部		
24		资金方面		预付款保函办理	/	财务会计部	经营开发部	
25				预付款申请办理	/	财务会计部	经营开发部	
26				财务报销基本要求	26.1	财务会计部		
27		人员方面	监理人员业绩、资质、薪酬管理	注册监理工程师初始注册申请	27.1	人力资源部		
				承诺书	27.2			
				铁路监理工程师业务培训报名	27.3			
				铁路总经理工程师业务培训报名	27.4			
				员工薪酬调整审批	27.5			
				证书补贴发放审批	27.6			
				铁路建设监理人员证书变更申请	27.7/27.8			
28				项目人员薪酬申请	/	人力资源部		
29			项目人员进出场申请	人员需求计划	29.1	人力资源部		
				项目季度计划退场人员汇总表	29.2			
				计划退场人员简历表	29.3			
30				监理人员推荐/招聘	/	人力资源部		
31				项目人员变更	/	人力资源部	综合办公室	

续表

序号	项目实施阶段	工作事项			配套附表编号	主办联系部门	协办联系部门	联系电话
32	项目实施阶段	人员方面	项目人员劳动关系管理办理	个人辞职报告	32.1	人力资源部		
				解除/终止劳动（劳务）关系通知书	32.2			
				项目离（调）职人员工作交接单	32.3			
				项目监理人员离（调）岗廉政交接单	32.4			
				项目月度离职人员汇总表	32.5			
33			项目人员履约检查协助申请		/	人力资源部	经营开发部、安全生产部	
34			项目人员薪酬调整申请		/	人力资源部		
35			项目季度业绩评定		/	安全生产部	各职能部门	
36			项目人员业绩考核		/	安全生产部	各职能部门	
37			项目目标管理考核		/	成本管理部	各职能部门	
38			项目年度效益考核		/	成本管理部	各职能部门	
39		人员方面	项目人员考勤		/	人力资源部	安全生产部、财务会计部	
40			项目人员工资、劳务、差费等薪酬查询		/	人力资源部	财务会计部	
41			项目人员工资、劳务、差费等薪酬发放		/	财务会计部		

续表

序号	项目实施阶段	工作事项			配套附表编号	主办联系部门	协办联系部门	联系电话
42	项目实施阶段	成本方面	日常备用金申请	项目备用金核准确认书	42.1	财务会计部		
				备用金交接记录	42.2			
				项目备用金申请单	42.3			
				项目年度备用金拨付使用结存明细表	42.4			
43			项目目标管理责任书签订（或下达项目管理目标）		43.1	成本管理部	各职能部门	
44			项目责任成本策划			成本管理部	各职能部门	
45			监理费开票		45.1-45.2	财务会计部	安全生产部	
46			业务招待申请		/	安全生产部	财务会计部、成本管理部	
47			现场费用报销		/	财务会计部		
48			过程成本分析、成本核算		/	成本管理部	各部门、项目部	
49		生产方面	项目机构标准化建点协助		/	安全生产部	党委工作部、综合办公室	
50			生产物资管理	车辆租赁申请表	50.1	安全生产部		
				合同评审表	50.2			
				项目临时设施设备配置申请表	50.3			

续表

序号	项目实施阶段	工作事项			配套附表编号	主办联系部门	协办联系部门	联系电话
50	项目实施阶段	生产方面	生产物资管理	项目临时设施设备拟配方案表	50.4			
				项目临时设施设备拟配费用估算表	50.5			
				固定资产购置申请表	50.6			
				固定资产管理台帐	50.7			
				固定资产登记卡片	50.8			
				项目固定资产盘点表	50.9			
				新建（自制）固定资产验收交接记录表	50.10			
				固定资产移交接收记录表	50.11			
				固定资产报废申请表	50.12			
				固定资产盘盈、盘亏申请表	50.13			
51			办公用品购置申请	项目办公用品采购计划表	51.1	安全生产部		
				线下采购申请单	51.2			
				线下采购清单	51.3			
52			试验室建设申请		/	安全生产部		
53			试验室授权申请		/	安全生产部		
54			项目对标检查协助		/	安全生产部	各职能部门	
55			项目履约约谈（约见公司领导层）		/	综合办公室		

续表

序号	项目实施阶段		工作事项	配套附表编号	主办联系部门	协办联系部门	联系电话
56	项目实施阶段	生产方面	项目安全、质量等重大事件汇报	/	安全生产部	党委工作部、综合办公室	
57			项目信誉评价、重要项目检查协助申请	/	安全生产部	各部门、项目部	
58			项目业主年度等专项工作会（公司领导参加）	/	综合办公室		
59			业主发放项目奖励申请	/	安全生产部	成本管理部、财务会计部	
60			设备修理申请	60.1	安全生产部		
61			难、重、新技术及特殊工程技术培训申请	61.1	安全生产部（技术方面）		
62			项目经营阶段备案、入库	/	经营开发部		
63			项目实施阶段备案、入库	/	安全生产部	各部门	
64	项目收尾阶段		收尾项目界定	/	安全生产部	各部门、项目部	
65			项目人员调出申请	65.1	人力资源部	安全生产部	
66			项目竣工资料协助申请	/	安全生产部（技术方面）	综合办公室	
67			项目尾期成本计划、核算	/	成本管理部	各部门、项目部	
68	项目验收阶段		竣工验收报告收集	/	安全生产部（技术方面）	各部门、项目部	
69			竣工资料指导、归档	/	安全生产部（技术方面）	综合办公室	

续表

序号	项目实施阶段	工作事项	配套附表编号	主办联系部门	协办联系部门	联系电话
70	项目验收阶段	验收相关会议	/	综合办公室	安全生产部、人力资源部	
71	项目缺陷责任期阶段	缺陷期负责人确定申请	/	人力资源部		
72		尾款回收工作	/	双清办		
73		履约保证金、保函回收	/	双清办		
74		质保金回收	/	双清办		
75	其他	双清工作（清收工作）	75.1	双清办		
76		双清工作（清欠工作）	76.1	双清办		
77		廉政工作	/	纪委办公室		
78		工会工作	/	工会办公室		
79		党委工作	/	党委工作部		
80		团委工作	/	团委办公室		

名词解释：1. **双清**：①清收指与已发生成本（含支出）相对应的营业收入得到业主确认的工作，即验工计价；②清欠指各项债权的变现工作。

2. **总监答辩**：指投标阶段，业主要求投标项目配置的总监到场开展要求工作。

3. **备用金**：指个人出差零星开支备用金，采购员零星采购备用金，经常性开支零星备用金，项目日常备用金，其他备用金。但不包括《关于项目员工交通费、通信费等费用单独成册报销管理的通知》中所涉费。

4. **异地备案、入库**：指投标阶段，当地业主对投标项目相关资料审查、备份的工作。

（三）配套附表

编 目

27.4 铁路总监理工程师业务培训班报名表
27.5 员工薪酬调整审批表
27.6 证书补助发放审批表
27.7 铁路建设监理人员证书（转入单位）变更申请表
27.8 铁路建设监理人员证书（转出单位）变更申请表

29.项目人员进出场申请
29.1 人员需求计划表
29.2 项目季度计划退场人员汇总表
29.3 计划退场人员简历表

32.项目人员劳动关系管理办理
32.1 个人辞职报告（无固定模板）
32.2 解除/终止劳动（劳务）关系通知书
32.3 项目离（调）职人员工作交接单
32.4 项目监理人员离（调）岗廉政交接单
32.5 项目月度离职人员汇总表

42.日常备用金申请
42.1 项目备用金核准确认书
42.2 备用金交接记录
42.3 项目备用金申请单
42.4 项目部年度备用金拨付使用结存明细表

43.项目责任成本策划
43.1 项目责任成本策划书（范本）

45.监理费开票
45.1 发票开具申请单
45.2 发票申请填写说明、开具增值税专用发票所需资料

50.生产物资管理
50.1 车辆租赁申请表
50.2 合同评审表
50.3 项目临时设施设备配置申请表
50.4 项目临时设施设备拟配方案表
50.5 项目临时设施设备拟配费用估算表
50.6 固定资产购置申请表
50.7 固定资产管理台账
50.8 固定资产登记卡片

50.9 项目固定资产盘点表
50.10 新建（自制）固定资产验收交接记录表
50.11 固定资产移交接收记录表
50.12 固定资产报废申请表
50.13 固定资产盘盈、盘亏申请表
51.办公用品购置申请
51.1 项目办公用品采购计划表
51.2 线下采购申请单
51.3 线下采购清单
60.设备修理申请表
60.1 本部或项目监理机构车辆维修保养申请表
61.难、重、新技术及特殊工程技术培训申请
61.1 年度项目监理机构技术培训计划表
65.项目人员调出申请
65.1 项目人员调出申请
75.双清工作（清收工作）
75.1 清收基础表
76.双清工作（清欠工作）
76.1 清欠基础表

1. 项目跟踪情况汇报

投标项目信息记录表

编　号：信息-201×-

<table>
<tr><td>项目名称</td><td></td><td>顾客名称</td><td></td></tr>
<tr><td>预计招标时间</td><td></td><td>预计投标时间</td><td></td></tr>
<tr><td colspan="4">项目概况：</td></tr>
<tr><td colspan="4">对投标单位的资质、业绩、人员的要求情况：</td></tr>
<tr><td colspan="4">对开展生产组织活动的资源配置情况、项目盈亏情况的分析：</td></tr>
<tr><td colspan="4">重点工程的难重点及项目工程安全质量风险情况：</td></tr>
<tr><td colspan="4">填写人：
签字：　　　联系电话：　　　日期：</td></tr>
</table>

注：1. 本表用于分支机构、项目或个人提供招标信息，计划进行经营投标活动的项目，公司本部进行开发的项目不适用此表格。

2. 表中填写信息可根据信息获取情况进行删减。

项目跟踪及经营开发费用预算申请表

编　号：信息-201×-

<table>
<tr><td>项目名称</td><td></td><td>顾客名称</td><td></td></tr>
<tr><td>预计合同额</td><td></td><td>预计招标时间</td><td></td></tr>
<tr><td>申请金额</td><td></td><td>申请费用占合同比例</td><td></td></tr>
<tr><td colspan="4">项目概况：

申请人：　　　　　日期：</td></tr>
<tr><td colspan="4">经营开发部审查意见：

签字：　　　　　日期：</td></tr>
<tr><td colspan="4">分管领导意见：

签字：　　　　　日期：</td></tr>
<tr><td colspan="4">主管领导意见：

签字：　　　　　日期：</td></tr>
</table>

注：本表用于分支机构、项目或个人提供招标信息，计划进行经营投标活动的项目。

2. 资格预审、投标评审

投标资格评审记录表

编　号：

<table>
<tr><td>项目名称</td><td></td><td>顾客名称</td><td></td></tr>
<tr><td colspan="4">顾客的要求：
1. 企业资质条件；2. 业绩要求；3. 人员要求；4. 财务要求；5. 其他要求
经办人：　　　日期：</td></tr>
<tr><td colspan="4">评审内容：
1. 项目的合法性及资质条件满足情况；2. 工程经验；3. 人员配置；4. 生产、质量及安全；5. 财务风险评估
填写人：　　　日期：</td></tr>
<tr><td colspan="4">评审意见</td></tr>
<tr><td colspan="4">对项目的合法性及资质条件满足情况的评审：
签字：　　　日期：</td></tr>
<tr><td colspan="4">对工程业绩条件满足情况的评审：
签字：　　　日期：</td></tr>
<tr><td colspan="4">对人员配置满足情况的评审：
签字：　　　日期：</td></tr>
<tr><td colspan="4">对生产、质量及安全情况的评审：
签字：　　　日期：</td></tr>
<tr><td colspan="4">对财务风险情况的评审：
签字：　　　日期：</td></tr>
<tr><td colspan="4">经营开发部评审结论：
签字：　　　日期：</td></tr>
<tr><td colspan="4">领导意见：
签字：　　　日期：</td></tr>
</table>

招标/资审文件评审记录表

编　号：

<table>
<tr><td>项目名称</td><td></td><td>顾客名称</td><td></td></tr>
<tr><td colspan="4">顾客的要求：
1. 企业资质条件；2. 业绩要求；3. 人员要求；4. 财务要求；5. 其他要求
经办人：　　　日期：</td></tr>
<tr><td colspan="4">评审内容：
1. 项目的合法性及资质条件满足情况等；2. 工程经验等；3. 人员配置等；4. 开展安全、质量及生产组织活动包含的问题等；5. 财务风险评估等
填写人：　　　日期：</td></tr>
<tr><td colspan="4">评审意见</td></tr>
<tr><td colspan="4">对项目的合法性、资质条件、获奖情况满足情况的评审：
签字：　　　日期：</td></tr>
<tr><td colspan="4">对工程业绩条件满足情况的评审：
签字：　　　日期：</td></tr>
<tr><td colspan="4">对人员配置满足情况的评审：
签字：　　　日期：</td></tr>
<tr><td colspan="4">对项目开展安全、质量及生产组织活动中的资源配置、安全质量风险等进行的评审：
签字：　　　日期：</td></tr>
<tr><td colspan="4">对财务风险情况的评审：
签字：　　　日期：</td></tr>
<tr><td colspan="4">经营开发部评审结论：
签字：　　　日期：</td></tr>
<tr><td colspan="4">领导意见：
签字：　　　日期：</td></tr>
</table>

5. 投标保证金办理

投标保证金申请表

编号：

<table>
<tr><td>申请部门</td><td></td><td>经办人电话</td><td></td></tr>
<tr><td>投标项目名称</td><td colspan="3"></td></tr>
<tr><td>招标单位名称</td><td colspan="3"></td></tr>
<tr><td>招标单位地址、电话</td><td colspan="3"></td></tr>
<tr><td>开户银行</td><td></td><td>账号</td><td></td></tr>
<tr><td>投标（保证）金金额</td><td colspan="3">（大写） 元 ¥</td></tr>
<tr><td>保证期限</td><td colspan="3">年 月 日 至 年 月 日</td></tr>
<tr><td colspan="4">经办人签字：
年 月 日</td></tr>
<tr><td colspan="4">财务部门意见：
年 月 日</td></tr>
<tr><td colspan="4">分管领导意见：
年 月 日</td></tr>
<tr><td colspan="4">公司领导意见：
年 月 日</td></tr>
</table>

备注：1. 本申请表一式三份，财务部一份，经营部一份，留存一份。

2. 请使用 B5 纸张进行打印。

13. 监理合同借用

合同借用审批表

日期：　　年　　月　　日　　　　　　　　　　　　　　　　编号：

<table>
<tr><td>申请单位</td><td></td><td>经办人及电话</td><td></td></tr>
<tr><td>类型</td><td>□原件
□复印件（　　）份
□电子版</td><td>原件申请使用起止时间</td><td></td></tr>
<tr><td rowspan="2">使用原因</td><td rowspan="2"></td><td>申请单位负责人预审意见</td><td></td></tr>
<tr><td>职能部门负责人预审意见</td><td></td></tr>
<tr><td>职能部门分管领导审批意见</td><td></td><td>保管人签名（办公室填）</td><td></td></tr>
<tr><td>原件归还记录</td><td>年　　月　　日归还</td><td>归还人签名</td><td></td></tr>
</table>

14. 项目公章刻制启用

项目印章刻制审批表

办公室　日期：　年　月　日　　　　　　　　　　　　　编　号：

申请单位		经办人及电话	
刻制类别	□新刻印章　□变更印章名称	刻制数量	
刻制原因		申请单位负责人预审意见	
		安全生产部预审意见	
审批意见		办理结果（办公室填）	

项目印章领用表

办公室　日期：　年　月　日　　　　　　　　　　　　　编　号：

领用单位			
印模样式	（在此处盖章）	领用数量	
		领用人签名及电话	
		办公室经办人签名	

15. 印信规范管理

印章使用审批表

办公室　日期：　年　月　日　　　　　　　　　　　　编　号：

申请单位		经办人及电话	
印章类型	□公章　□法人章 □法人名章	用印份数	
使用原因		申请单位负责人 预审意见	
		职能部门负责人 预审意见	
审批意见		用印人签名（办公室填）	

统一项目上报公司报告的要求

各项目监理机构：

为统一项目上报公司报告的质量，现要求自发文之日起，凡上报公司的各类报告，按照本要求附件格式上报，请各项目遵照执行。

注：各项目根据《关于公布机关各部门编制、部门职责的通知》，主送主办部门进行办理；附件红头的项目名称需写上项目立项时的简称。

附件：格式内容

附件：格式内容

××项目部

关于××××××××××××××××××的请示

××部门：

×××××（正文内容）。

××××××××××××××××××××××××××××。

×××××××。

妥否，请批示。

附件：1. ×××××

2. ×××××

总监/项目负责人（手签）：

×××××××××××项目部（加盖项目鲜章）

20××年××月×日

（联系人及联系方式：×××，12345678912）

16. 证照借用

证照使用审批表

日期：　　年　　月　　日　　　　　　编号：

申请单位		经办人及电话	
证照类型	□营业执照 □资质证书 □章程 □原件（正/副本） □复印件（ ）份 □电子版	原件申请使用起止时间	
使用原因		申请单位负责人预审意见	
		职能部门负责人预审意见	
审批意见		保管人签名（办公室填）	
原件归还记录	年　　月　　日归还	归还人签名	

23. 项目监理规划审批

监理规划报审表

<table>
<tr><td>致：

项目监理部（章）：
总监理工程师：
日　期：　年　月　日</td></tr>
<tr><td>审查意见：

（盖章）
总工：
日　期：　年　月　日</td></tr>
</table>

26. 财务报销基本要求

财务报销基本要求

1. 取得的发票及相关票据必须真实、合法、有效，保持票面清洁完整，附件齐全。严禁先资金支付再走审批流程，中铁科研院资金系统超过 16:00 将无法进行款项支付，如有紧急款项需要支付请提前上传表单（建议在 15:00 之前），支付指令（包括支票、电汇）结算方式必须选择“网银”，支付途径选“中铁资金”；凡是项目借款或报销，现金流均选择“经营活动产生的现金流量：购买商品、接受劳务支付的现金”。

增值税专用发票和电子发票每张必查询真伪，增值税普通发票金额大于等于 2 000 元的需查询真伪；定额发票不需查询，但背面需有国税章；查询记录需和发票一同扫描上传，并随凭证装订归档。

2. 从 2018 年 11 月 1 日起统一采用新版 A4 粘贴单及 A4 分类报销汇总表、报销汇总表等，原来 B5 的粘贴单、汇总表不再使用。

粘贴方式：发票张数较少的情况，平铺粘贴；发票张数较多时（如停洗车过路费票据、交通费票据、通信费票据、快递费票据等），可以先编号，按顺序扫描后依扫描顺序鱼鳞状粘贴，可重叠、累压，但重叠、累压的每张原始单据上信息（单位名称、开票单位印章及票据金额等）不能粘贴覆盖。粘贴单上信息需用黑色签字笔填写，日期、报销人、验收证明人、单据张数、报销金额大小写应由报销人填写，并经部门（项目）负责人签批，发票信息栏不可遮挡。

粘贴顺序：公司批复（含报告）、申请—第一张发票—第一张发票清单—第一张发票查验结果—第一张发票证明材料（如住宿费、业务费相应的会议通知）—第二张发票—第二张发票清单—第二张发票查验结果—第二张发票证明材料—……—完整的合同—其他附件（房东/车主的身份证扫面件，房产证/行驶证扫描件，委外检测费检测清单，点验单，住宿清单等）。

确保附件张数准确，附件张数具体为：需要支付的表单为，3+发票张数+其他附件纸质附件张数（不含粘贴单）；不需要支付的表单为，2+发票张数+其他附件纸质附件张数（不含粘贴单），即附件张数应≥2，不能为“0”或者“空”。

3. 在扫描影像时，保持上传影像资料清晰完整，请勿上传无关影像，并保证影像资料的真实、可靠，签章完备；发起表单时，需要特殊说明具体情况的，请上传书面情况说明。扫描的影像要清晰，与业务相匹配，不相关的票据不上传。并要求影像需正向上传，表单发起人、报销人、收款人、粘贴单上的报销人需为同一人。

4. 成本费用报销具体要求如下（详见《成本费用报销指导书》）：

·伙食管理费：按照人员实际出勤情况，按月报销伙食费，项目应认真做好食堂物资采购、领用记录以及原始凭据收集等凭证，及时登记伙食费管理台账，确保伙食费专款专用并具备可追溯性。

·住宿费：应严格按照公司《项目职工差费标准指导意见》规定标准，在标准限额内据实报销，实际住宿费超过规定标准的部分由个人自理；报销时需附发票（原则上为增值税专用发票，应完整载明住宿人单位名称、入住离店日期、天数等内容）、住宿费报销清单，因会议产生的住宿费需附会议通知、会议签到表和会议现场照片。因履约检查或公司统一安排的工作需要发生住宿费的，报销时还应由人力资源部、安全生产部或其他相关部门审核。

·业务招待费：未经批准的预算外或超预算的或不合理、不合规的业务费开支拒绝报销。报销时应当根据《项目业务招待费管理办法》附上项目业务招待费申请单、发票等单据并按公司文件规定的审批原则进行审批。对礼品、纪念品、保健品、首饰、高档服装、箱包、高尔夫、KTV、洗浴、娱乐场所、休闲场所、农家乐、茶楼、旅游门票、土特产、烟、酒、茶叶（高档/礼盒等非日常办公外的）等内容的成本费用报销，一律不予报销。

·通信费：报销时列明报销人员姓名、职务、报销金额、所属月份等事项，项目不予单独报销座机费。报销时需提供“本人姓名”抬头的合规发票，按《项目人员通信费管理办法》在限额内实报实销，对于不合规票据，如地税局印制、“预存”字样票据等不予报销。

·图书资料费：仅限于项目所需的技术规范、标准等图书资料费，报销时需附购置审批（具体要求参照《办公用品采购管理实施细则》）、发票（原则上为增值税专用发票）、清单、点验单。

·会务、会议费：报销时应提供会务审批单（或者会议通知）、会务合同或者协议、会务进程单、出席人员签到单、付款证明、合规的增值税发票（原则上为增值税专用发票）、费用预算、会务现场照片（或者其他影像资料）等，项目部内部举行的日常会议、年终总结会等不得报销会议费。

·培训费：在公司管理办法规定范围内的或公司批准的可以报销，在此以外发生的培训费由个人自理。报销时需提供发票（原则上为增值税专用发票）、培训通知，项目报销培训费前须向公司人力资源部/安全生产部审核后方可报销，业主指定培训项目的，项目需选择稳定人员且需经公司批准。员工参加各种学历教育以及为取得学位而参加在职教育产生的费用由其个人承担，公司不予报销。

·交通费：原则上只有项目总监能报销机票费用，其他人员如因特殊情况需乘机，若机票价格低于普通交通工具价格的附比价证明后可以报销，否则应事先向公司申请并将公司审批后的交通费审批表作为附件报销，详见《项目职工差费标准指导意见》。机票报销时应附机票查验证明或登机牌，注明乘坐飞机的事由。选择乘坐动车方式出行的，报销时不能超过普通二等座标准。项目应做好交通费登记台账，便于项目人员考勤、休假统计及交通费发放管理。因履约检查或公司统一安排的工作需要发生交通费的，报销时还应由人力资源部、安全生产部或其他相关部门审核后方可报销。

·修理费：需为项目所属公司自有或租赁车辆（注明车牌号）、仪器设备等产生的维修费用；按《车辆使用管理办法》要求，车辆的维修，必须严格执行“先申报、后维修”的基本准则；汽车维修前，必须事先报维修申请，明确维修项目，预估大致金额，提交对应权限的批准人签字批准后，方可到修厂实施维修。项目所有车辆维修保养报销必须附上申请、维修清单、车辆号牌，原则上需开具增值税专用发票，累计总额必须控制在年度计划成本以内，维修费用的支付原则上由公司对公转账。

·物资设备、劳保用品、办公用品和低值易耗品：由安全生产部负责各项目采购计划的审批工作，监督各项目采购管理工作。项目采购计划经总监签字确认，报公司审批后，由项目实施采购，具体按照公司《办公用品采购管理实施细则》和《关于进一步规范项目办公用品、物资设备购置工作的通知》要求执行。满足固定资产条件的采购，应同时按公司《固定资产管理办法》履行固定资产采购审批程序。报销时需提供采购计划表或线下采购申请单、增值税专用发票（经审核同意取得普通发票的特殊情况除外）、购置清单、手签盖章的点验单、固定资产（设备）购置申请表、固定资产点验单，采购计划表或线下采购申请单批复以外的，或不按批复要求开具发票的，不予报销。

·燃油费：按《车辆使用管理办法》和《关于进一步加强燃油费管理的通知》，各项目必须办理加油卡，公司对公转账支付燃油费。对于因地理环境限制、突发情况等原因，确实无法在指定加油站办理加油卡或加油的，必须先事前向公司安全生产部提出申请。在固定加油站办理加油卡的，应及时开具增值税专用发票，报销燃油费用需列明车牌号，附发票、加油点出具的对账单或消费明细清单、燃油费点验单等，非项目所在地或与项目工程建设无关发生的燃油费，不予报销。

·汽车租赁费、房屋租赁费：报销时应提供经公司批复的租赁申请表、发票（原则上要求开具增值税专用发票）、租赁合同（每次报销时均作为附件）、车辆行驶证/房产证复印件、车辆/房屋所用人身份证复印件等。发票、合同、收据金额必须一致。按《车辆租赁管理办法》要求，租赁费必须通过公司对公支付给出租方，项目部自己支付给出租方用租赁发票报销现金的，不予报销。

·过路停洗车辆审验费：报销时需将过路、停车、洗车等费用分类粘贴，提供加盖发票专用章的有效发票。对于非公司拥有使用权的车辆发生的过路、停洗审验费，非项目所在地或与项目工程建设无关发生的过路、停洗费，不得报销。项目应筹划好特殊节假日的休假安排，非项目所在地发生的费用必须先经公司审批同意后方可报销。

·水电气费：需为公司所租赁房屋发生的水电气费，非公司租赁的房屋发生的水电气费，不得报销。原则上应尽量开具增值税专用发票，能够直接支付对方单位的费用应尽量采用对公转账支付。报销时需附支付证明（如收据、转款凭条等）、或其他能证明水电气费使用的依据，开具的水电气费发票如为房东姓名的还需附上租房合同。

27. 监理人员业绩、资质、薪酬管理

中 华 人 民 共 和 国

注册监理工程师

初始注册申请表

省级注册____________________

管理机构____________________

聘用单位____________________

姓　　名____________________

申报时间　　　　　年　　月　　日

中华人民共和国建设部制

填 表 说 明

一、本申请表应使用计算机打印（申请表一式两份，另附一张近期一寸免冠照片，供制作注册执业证书使用），有关审查意见和签名一律使用钢笔或签字笔，字迹要求工整清晰。

二、封面中“省级注册管理机构”，是指监理工程师注册聘用单位工商注册所在地的省、自治区、直辖市建设行政主管部门或其委托的注册管理机构。

三、“专业、学历”栏中应填写与申请注册相对应的专业学历，未获学位的，不应自行填写学位。

四、“申请注册专业”按《工程监理企业资质管理规定》中划分的十四个专业工程类别填写。

五、表中“继续教育完成情况”，是指获得监理工程师执业资格证书后三年逾期申请初始注册，参加规定的必修课和选修课的学习情况。

六、“从事工程技术和工程管理工作主要经历”栏中，应按时间分别填写。其中：“从事何种工作”应明确填写所从事的专业工程或工程管理工作。

七、“从事相关专业工程的主要业绩情况”栏中，“项目建设规模”按批准建设文件填写，“工作内容”应填写所承担的业务情况，工程业绩应与申请注册专业相关。

八、“从事相关专业工程的主要业绩情况”和“从事工程技术和工程管理工作主要经历”栏中，如填写不下，可另加附页。

九、所提交的表格和附加材料统一使用A4纸。

<table>
<tr><td colspan="2">姓名</td><td></td><td>性别</td><td></td><td>年龄</td><td></td><td>民族</td><td></td><td rowspan="5">近期一寸
免冠照片</td></tr>
<tr><td colspan="2">证件名称</td><td colspan="7">□身份证　□军官证　□警官证</td></tr>
<tr><td colspan="2">证　号</td><td colspan="7"></td></tr>
<tr><td colspan="2" rowspan="2">监理工程师执业资格证书</td><td>证书编号</td><td colspan="2"></td><td>批准日期</td><td colspan="3"></td></tr>
<tr><td>签发单位</td><td colspan="2"></td><td>签发日期</td><td colspan="3"></td></tr>
<tr><td rowspan="4">聘用单位</td><td>单位名称</td><td colspan="8"></td></tr>
<tr><td>通信地址</td><td colspan="8"></td></tr>
<tr><td>联系电话</td><td colspan="4"></td><td>邮政编码</td><td colspan="3"></td></tr>
<tr><td>企业资质证号</td><td></td><td>资质等级</td><td colspan="2"></td><td>企业类型</td><td colspan="3"></td></tr>
<tr><td rowspan="3">专业学历</td><td>毕业院校</td><td colspan="8"></td></tr>
<tr><td>所学专业</td><td colspan="4"></td><td>学　历</td><td colspan="3"></td></tr>
<tr><td>毕（肄、结）业时间</td><td colspan="4"></td><td>学　位</td><td colspan="3"></td></tr>
<tr><td colspan="2">申请注册专业（1）</td><td colspan="3"></td><td colspan="2">申请注册专业（2）</td><td colspan="3"></td></tr>
<tr><td colspan="2" rowspan="15">继续教育情况（逾期初始注册填写）</td><td>课程</td><td colspan="2">时　间</td><td>学　时</td><td colspan="4">内　容</td></tr>
<tr><td rowspan="7">必修课</td><td colspan="2"></td><td></td><td colspan="4"></td></tr>
<tr><td colspan="2"></td><td></td><td colspan="4"></td></tr>
<tr><td colspan="2"></td><td></td><td colspan="4"></td></tr>
<tr><td colspan="2"></td><td></td><td colspan="4"></td></tr>
<tr><td colspan="2"></td><td></td><td colspan="4"></td></tr>
<tr><td colspan="2"></td><td></td><td colspan="4"></td></tr>
<tr><td colspan="2"></td><td></td><td colspan="4"></td></tr>
<tr><td rowspan="7">选修课</td><td colspan="2"></td><td></td><td colspan="4"></td></tr>
<tr><td colspan="2"></td><td></td><td colspan="4"></td></tr>
<tr><td colspan="2"></td><td></td><td colspan="4"></td></tr>
<tr><td colspan="2"></td><td></td><td colspan="4"></td></tr>
<tr><td colspan="2"></td><td></td><td colspan="4"></td></tr>
<tr><td colspan="2"></td><td></td><td colspan="4"></td></tr>
<tr><td colspan="2"></td><td></td><td colspan="4"></td></tr>
</table>

从事相关专业工程的主要业绩情况

单位印章：

起止时间	项目名称	项目建设规模	工作内容	担任何职
年 月 至 年 月				
年 月 至 年 月				
年 月 至 年 月				
年 月 至 年 月				
年 月 至 年 月				
年 月 至 年 月				
年 月 至 年 月				
年 月 至 年 月				
年 月 至 年 月				

从事工程技术和工程管理工作主要经历

<table>
<tr><th>起止时间</th><th>工作单位</th><th>从事何种工作</th><th>备 注</th></tr>
<tr><td></td><td></td><td></td><td></td></tr>
<tr><td></td><td></td><td></td><td></td></tr>
<tr><td></td><td></td><td></td><td></td></tr>
<tr><td></td><td></td><td></td><td></td></tr>
<tr><td></td><td></td><td></td><td></td></tr>
<tr><td></td><td></td><td></td><td></td></tr>
<tr><td></td><td></td><td></td><td></td></tr>
<tr><td></td><td></td><td></td><td></td></tr>
<tr><td></td><td></td><td></td><td></td></tr>
<tr><td></td><td></td><td></td><td></td></tr>
<tr><td></td><td></td><td></td><td></td></tr>
<tr><td colspan="2">是否有过违反职业道德行为</td><td colspan="2"></td></tr>
<tr><td colspan="4">本人对上述申报内容真实性负责，如有虚假，愿承担相应责任。

申请人（签名）：　　年　月　日</td></tr>
<tr><td>聘用单位意见</td><td colspan="3">我单位已聘用＿＿＿＿同志，聘用合同期自＿＿＿年＿＿月＿＿日至＿＿＿年＿＿月＿＿日。
其申报材料真实，同意该同志申报注册。

负责人（签名）：
（单位公章）
年　月　日</td></tr>
</table>

<table>
<tr><td rowspan="2">省、自治区、直辖市建设行政主管部门或其委托的注册管理机构初审意见</td><td>经核查，有下列情形，不同意申报注册。
□ 不具有完全民事行为能力；
□ 以虚假的职称证书参加考试取得执业资格证书；
□ 执业资格证书复印件不完整，或执业资格证书无效；
□ 学历学位证件与注册要求条件不符；
□ 职称证件与注册要求条件不符；
□ 身份证件与注册要求条件不符；
□ 劳动聘用合同与注册要求条件不符；
□ 在两个或者两个以上单位申请注册；
□ 年龄超过 65 周岁；
□ 未达到注册监理工程师继续教育要求；
□ 法律、法规规定不予注册的其他情形。

审查人（签名）：
负责人（签名）：
（单位公章）</td></tr>
<tr><td>经核查，申报材料与原件相符，符合申报条件，同意申报注册。

审查人（签名）：
负责人（签名）：
（单位公章）
年　　月　　日</td></tr>
</table>

<table>
<tr><td rowspan="2">建设部注册审查意见</td><td>经核查，有下列情形，不符合注册条件，不同意其注册。
□ 不具有完全民事行为能力；
□ 以虚假的职称证书参加考试取得执业资格证书；
□ 执业资格证书复印件不完整，或执业资格证书无效；
□ 学历学位证件与注册要求条件不符；
□ 职称证件与注册要求条件不符；
□ 身份证件与注册要求条件不符；
□ 劳动聘用合同与注册要求条件不符；
□ 在两个或者两个以上单位申请注册；
□ 年龄超过 65 周岁；
□ 未达到注册监理工程师继续教育要求；
□ 法律、法规规定不予注册的其他情形。

审查人（签名）：
复审人（签名）：
负责人（签名）：
年 月 日</td></tr>
<tr><td>经审查，符合注册条件，同意其注册。
注册专业：1.____________
2.____________
注册证书编号：____________
注 册 号：____________
注册有效期至______年___月___日

审查人（签名）：
复审人（签名）：
负责人（签名）：
（执业印章）
批准日期： 年 月 日</td></tr>
</table>

承　诺　书

<table>
<tr><td>申请人姓名</td><td></td><td>身份证号</td><td></td></tr>
<tr><td>聘用单位</td><td colspan="3"></td></tr>
<tr><td colspan="4">本人承诺近三年内在执业过程中无因执业过失造成工程质量、安全事故及违法违规行为。在全国监理工程师注册（初始、变更、延续）、四川省从业人员（新考、变更、继续教育）时，所提供的相关证书均真实、有效。

承诺人签字：

年　　月　　日</td></tr>
<tr><td colspan="4">聘用单位意见：

负责人签字：
（单位公章）
年　　月　　日</td></tr>
<tr><td colspan="4">备注：</td></tr>
</table>

铁路监理工程师业务培训报名表

<table>
<tr><td>姓名</td><td colspan="2"></td><td colspan="2">性别</td><td></td><td>民 族</td><td></td><td rowspan="3">照
片</td></tr>
<tr><td colspan="2">身份证编号</td><td colspan="4"></td><td>出生年月</td><td></td></tr>
<tr><td colspan="2">职称及专业
评定时间</td><td colspan="2"></td><td colspan="2">培训专业</td><td colspan="2"></td></tr>
<tr><td colspan="2">监理聘任单位</td><td colspan="4"></td><td colspan="2">联系电话</td><td></td></tr>
<tr><td colspan="2">专业工作年限</td><td colspan="4"></td><td colspan="2">监理工作年限</td><td></td></tr>
<tr><td colspan="2">何时毕业于
何校何专业</td><td colspan="7"></td></tr>
<tr><td colspan="2">监理或施工
或建设管理
工作简历</td><td colspan="7"></td></tr>
<tr><td colspan="2">监理聘任
单位意见</td><td colspan="7">（公章）
年 月 日</td></tr>
<tr><td colspan="2">培训结果
考核意见</td><td colspan="7">（公章）
年 月 日</td></tr>
</table>

注：监理工作经历，是指有合法上岗资质所从事的监理工作

铁路总监理工程师业务培训班报名表

<table>
<tr><td>姓名</td><td colspan="2"></td><td>性别</td><td></td><td>民族</td><td></td><td rowspan="3">照
片</td></tr>
<tr><td>身份证编号</td><td colspan="4"></td><td>出生年月</td><td></td></tr>
<tr><td>职称及评定时间</td><td colspan="2"></td><td colspan="2">监理工程师证书号</td><td colspan="2"></td></tr>
<tr><td>监理聘任单位</td><td colspan="4"></td><td>联系电话</td><td colspan="2"></td></tr>
<tr><td>专业工作年限</td><td colspan="4"></td><td>监理工作年限</td><td colspan="2"></td></tr>
<tr><td>何时毕业于何校何专业</td><td colspan="7"></td></tr>
<tr><td>监理工作简历</td><td colspan="7"></td></tr>
<tr><td>监理聘任单位意见</td><td colspan="7">（公章）
年　月　日</td></tr>
<tr><td>培训结果考核意见</td><td colspan="7">（公章）
年　月　日</td></tr>
</table>

员工薪酬调整审批表

<table>
<tr><td>姓名</td><td></td><td>性别</td><td></td><td>年龄</td><td></td><td>文化程度</td><td></td></tr>
<tr><td>职称</td><td colspan="3"></td><td>资格证书</td><td colspan="3"></td></tr>
<tr><td colspan="2">证书注册单位</td><td colspan="6"></td></tr>
<tr><td colspan="2">所属项目/部门</td><td colspan="3"></td><td>现任岗位</td><td colspan="2"></td></tr>
<tr><td>调整理由</td><td colspan="7">□实习或试用期满　　□岗位调整
□取得资格证书　　□不能胜任岗位工作要求
□其他：________________</td></tr>
<tr><td>原工资标准/（元/月）</td><td colspan="2"></td><td>项目拟报标准/（元/月）</td><td colspan="2"></td><td>调整时间</td><td></td></tr>
<tr><td>项目负责人审批</td><td colspan="7"></td></tr>
<tr><td rowspan="6">人力资源部审批</td><td>核定岗位</td><td colspan="2"></td><td>调整时间</td><td colspan="3"></td></tr>
<tr><td>核定工资/（元/月）</td><td>出差补助/（元/天）</td><td>业绩奖金/（元/天）</td><td>效益奖金/（元/天）</td><td>加班补贴/（元/天）</td><td>稳岗补贴/（元/月）</td><td>兼职津贴/（元/月）</td></tr>
<tr><td></td><td></td><td></td><td></td><td></td><td></td><td></td></tr>
<tr><td>资质补贴/（元/月）</td><td>工龄补贴/（元/月）</td><td colspan="2">月应发合计/（元/月）</td><td>社保成本/（元/月）</td><td colspan="2">人力成本合计/（元/月）</td></tr>
<tr><td></td><td></td><td colspan="2"></td><td></td><td colspan="2"></td></tr>
<tr><td colspan="7">部门意见：</td></tr>
<tr><td>总经理审批</td><td colspan="7"></td></tr>
<tr><td>备注：</td><td colspan="7"></td></tr>
</table>

证书补助发放审批表

<table>
<tr><td>姓　名</td><td></td><td>用工类型</td><td></td></tr>
<tr><td>证书名称</td><td colspan="3"></td></tr>
<tr><td>证书注册日期</td><td colspan="3"></td></tr>
<tr><td>证书编号及注册专业</td><td colspan="3"></td></tr>
<tr><td>证书奖励金额</td><td></td><td>证书补助金额</td><td></td></tr>
<tr><td>项目、部门
负责人意见</td><td colspan="3">

年　月　日</td></tr>
<tr><td>人力资源部
负责人意见</td><td colspan="3">

年　月　日</td></tr>
<tr><td>公司分管
领导意见</td><td colspan="3">

年　月　日</td></tr>
</table>

注：“用工类型”填写“职工”“合同制员工”“劳务派遣员工”。

铁路建设监理人员证书（转入单位）

变更申请表

<table>
<tr><td>姓名</td><td></td><td>性别</td><td></td><td>年龄</td><td></td><td rowspan="3"></td></tr>
<tr><td>职称</td><td></td><td>专业</td><td></td><td>民族</td><td></td></tr>
<tr><td colspan="2">身份证号</td><td colspan="4"></td></tr>
<tr><td colspan="2">总监理工程师证书号</td><td colspan="5"></td></tr>
<tr><td colspan="2">监理工程师证书号</td><td colspan="5"></td></tr>
<tr><td colspan="2">监理员证书号</td><td colspan="5"></td></tr>
<tr><td colspan="2">通信地址</td><td colspan="5"></td></tr>
<tr><td colspan="2">现聘用监理单位</td><td colspan="3"></td><td>联系电话</td><td></td></tr>
<tr><td colspan="2">现聘用监理单位意见</td><td colspan="5">（单位公章）
年 月 日</td></tr>
<tr><td colspan="2">证书管理部门意见</td><td colspan="5">年 月 日</td></tr>
</table>

铁路建设监理人员证书（转出单位）

变更申请表

<table>
<tr><td>姓　名</td><td></td><td>性别</td><td></td><td>年龄</td><td></td><td rowspan="3"></td></tr>
<tr><td>职　称</td><td></td><td>专业</td><td></td><td>民族</td><td></td></tr>
<tr><td colspan="2">身份证号码</td><td colspan="4"></td></tr>
<tr><td colspan="2">总监理工程师证书号</td><td colspan="5"></td></tr>
<tr><td colspan="2">监理工程师证书号</td><td colspan="5"></td></tr>
<tr><td colspan="2">监理员证书号</td><td colspan="5"></td></tr>
<tr><td colspan="2">通信地址</td><td colspan="5"></td></tr>
<tr><td colspan="2">原聘用监理单位</td><td colspan="5"></td></tr>
<tr><td colspan="2">联系人电话</td><td colspan="5"></td></tr>
<tr><td colspan="2">工作简历</td><td colspan="5"></td></tr>
<tr><td colspan="2">原聘用监理单位意见</td><td colspan="5">（单位公章）
年　　月　　日</td></tr>
</table>

29. 目人员进出场申请

人员需求计划表

项目/部门名称	具体工作地点	需求理由原岗位人员离职增补新开工项目/工点新增	需求岗位	计划进场时间	学历要求	专业要求	相关工作经验要求	职称	持证要求	人数	计划人力成本	备注
项目负责人意见												
人力资源部意见												
分管领导意见												
公司领导意见												

项目　　　　年　　　　季度计划退场人员汇总表

序号	姓名	性别	年龄	国籍	学历	技术职称	联系电话	资格证书种类	工作年限	证书注册单位	岗位	计划退场时间	退场理由	推荐意见
1														
2														
3														
4														
5														
6														
7														
8														
9														
10														
11														

计划退场人员简历表

姓　名		性　别		年　龄	
职　称		身份证号		专业/年限	（职称证专业）/（毕业时间至今的年限）
毕业时间		毕业学校		学历/专业	本科/陆地水文
资格证书	（填所有证件名称与编号）	注册时间	对应前面证件注册时间	从业时间	（填写毕业的年份）
注册单位			联系电话		
在本项目担任职务		（写明专业，如隧道专监、桥梁专监）			
教育和培训背景					
××年××月至××年××月，××学校××专业毕业； ××年××月至××年××月，取得××证书。					
工作经历					

时　间	参加过的项目名称及当时所在单位	担任何职	主要工作内容	备注

注：表后须附身份证、毕业证、职称证、执业资格证、获奖证书（如果有）彩色扫描件。

以下证件扫描件插入方法：

1. 单击需要放置对应扫描件方框的空白处；
2. 点“插入”菜单中的“图片”；
3. 根据弹出的对话框定位到扫描件位置，点“插入”按钮，图片插入；
4. 根据对应框的大小调整图片大小。

<table>
<tr><td>身份证正面扫描件</td><td rowspan="2">毕业证扫描件</td></tr>
<tr><td>身份证反面扫描件</td></tr>
<tr><td>职称证正面扫描件</td><td>职称证反面扫描件</td></tr>
<tr><td colspan="2">铁路监理证扫描件</td></tr>
</table>

铁路总监证扫描件、其他监理证扫描件

32. 项目人员劳动关系管理办理

个人辞职报告
（无固定模板）

尊敬的公司领导：

××

申请人：

××××年××月××日

解除/终止劳动（劳务）关系通知书

__________同志（身份证号__________________________）：

您于______年______月起在本项目__________岗位就职，现因原因，项目决定自________年____月____日起与您解除/终止劳动（劳务）关系，请您于________年____月____日前至项目办理离职交接手续。

特此通知。

项目名称（盖章）：

本人确认签字：　　　　　　　　项目负责人（签字）：

年　月　日　　　　　　　　年　月　日

项目离（调）职人员工作交接单

<table>
<tr><td>离（调）职人员
姓名</td><td></td><td>所在项目名称
及岗位职务</td><td></td></tr>
<tr><td>身份证号码</td><td></td><td>固定联系电话</td><td></td></tr>
<tr><td>在岗时间</td><td colspan="3">年　月　日至　　年　月　日</td></tr>
<tr><td>待办工作交接情况</td><td colspan="3">交接工作内容：

接收人：
监交人：</td></tr>
<tr><td>文件资料交接情况</td><td colspan="3">交接文件：

接收人：
监交人：</td></tr>
<tr><td>物品交接情况</td><td colspan="3">待办事项：

接收人：
监交人：</td></tr>
<tr><td>综合结果</td><td colspan="3">□同意离职　　□不同意离职　　项目负责人：</td></tr>
</table>

四川铁科建设监理发限公司制

（可加附页）

项目监理人员离（调）岗廉政交接单

<table>
<tr><td>离岗人员姓名</td><td></td><td>所在项目名称
及岗位职务</td><td></td></tr>
<tr><td>身份证号码</td><td></td><td>固定联系电话</td><td></td></tr>
<tr><td>原项目职期限</td><td colspan="3">年　　月　　日至　　　年　　月　　日</td></tr>
<tr><td>从工作职责落实情况查廉政</td><td colspan="3">检查人签名：　　　　　　　　日期：</td></tr>
<tr><td>从员工反映查廉政</td><td colspan="3">检查人签名：　　　　　　　　日期：</td></tr>
<tr><td>与施工单位主要管理人员、作业队长谈话和其他合理方式查廉政</td><td colspan="3">检查人签名：　　　　　　　　日期：</td></tr>
<tr><td>综合评判结果</td><td colspan="3">1. □好　　□较好　　□一般　　□差
2. 存在的严重违法违纪行为：

公司纪委或项目总监：　　　　日期：</td></tr>
</table>

四川铁科建设监理发限公司制

（可加附页）

项目　　　年　　　月离职人员汇总表

项目名称：　　　　　　　　（印章）

序号	姓　名	性别	年龄	国籍	学历	技术职称	联系电话	资格证书种类	工作年限	证书注册单位	岗位	离职时间	离职原因	备注
1														
2														
3														
4														
5														
6														
7														
8														
9														
10														
11														
12														
13														
14														
15														
16														

没有离职人员时可以不填报。

42. 日常备用金申请

项目备用金核准确认书

项目名称（盖章）：　　　　　　　　　　　　　　时间：　　年　　月　　日

备用金账户管理人		身份证号码	
项目使用审批人		身份证号码	
项目使用监管人		身份证号码	
项目总监确认意见：			
部门核准意见：			
公司领导核准意见：			

注：此表一式三份，留存项目、人力资源部、财务会计部归档。

备用金交接记录

项目名称（盖章）：　　　　　　　　　　　交接时间：　年　　月　　日

<table>
<tr><td>截止目前财务账面备用金余额</td><td></td><td>余额中已使用总额</td><td></td></tr>
<tr><td>交还现金总额</td><td></td><td>移交票据总额</td><td></td></tr>
<tr><td colspan="4">交接票据情况</td></tr>
<tr><td colspan="4"></td></tr>
<tr><td colspan="4">遗留资金问题说明</td></tr>
<tr><td colspan="4"></td></tr>
</table>

前任备用金保管人：　　　监管人：　　　　审批人：

接任备用金保管人：　　　监管人：　　　　审批人：

注：此表一式7份，由前任及接任人员留存，财务会计部存档。

项目备用金申请单

项目名称（盖章）： 合同额： 申请时间： 年 月 日

<table>
<tr><td>申 请 人</td><td colspan="2"></td><td rowspan="4">收款单位</td><td>全 称</td><td></td></tr>
<tr><td>支付方式</td><td colspan="2"></td><td>开户银行</td><td></td></tr>
<tr><td rowspan="2">事 由</td><td rowspan="2" colspan="2"></td><td>账 号</td><td></td></tr>
<tr><td>备用金类别</td><td>□ A 类 □ B 类</td></tr>
<tr><td colspan="2">借款金额（小写：人民币 ）</td><td colspan="3">借款金额（大写：人民币 ）</td><td>账面备用金余额：</td></tr>
<tr><td colspan="2">开累到款：</td><td colspan="3">开累成本：</td><td>成本到款比：</td></tr>
<tr><td colspan="6">项目使用审批人意见：</td></tr>
<tr><td colspan="6">部门意见：</td></tr>
<tr><td colspan="6">公司领导批准：</td></tr>
</table>

××项目部××年度备用金拨付使用结存明细表

金额单位：　　元

××年	×月	×日	摘要事由	收入	支出	结存	管理人	监管人	审批人	经办人领用签字及相关说明
本月合计										
本年累计										

注：项目每季度末将结存明细表发回公司财务会计部。

43. 项目责任成本策划

________项目责任成本策划书（范本）

一、编制依据

1. 国家和地方有关工程建设的法律、法规、技术标准、规范、规程等；
2. 招标文件中的有关规定和要求；
3. 经批复的总体施工进度计划；
4. 设计、业主、施工单位相关文件；
5. 上级和公司内部的相关管理制度、办法；
6. 公司组织召开的项目前期策划会纪要、经审批的《监理规划》(计划)等。

二、项目概况

1. 项目简介。

[主要介绍监理项目所在位置、范围和内容（含主要结构物分布图）和现场自然现状。附件：施工平面图]

（1）包括×××××土建施工监理。包括但不限于：矿山法隧道主体工程及附属工程，矿山法隧道斜井主体工程及附属工程，弃土弃碴场防护工程等；与地铁同体或同步实施工程。

（2）相应施工范围内的前期工作。包括但不限于施工永久和临时用地，施工道路工程改移改造工程；临电引入施工工程；围挡工程；建（构）筑物的迁改、房屋拆迁、绿化工程等监理工作。

（3）以上监理工作包括但不限于“五控、两管、一协调”及工程接口协调、组织隐蔽验收和竣工验收等。也包括对土建、装修、机电安装、系统、轨道相关专业的接口协调，发包人有调整服务范围的权力，监理人应接受上述工作的调整。

（4）施工平面图

2. 参建单位。

建设单位：

设计单位：

咨询单位：

施工单位：

监理单位：

3. 工程的计划开工、交工、竣工时间，包括对施工单位的总进度计划和单位工程节点进度计划列表描述。

（1）合同工期：　　年　　月　　日至　　年　　月　　日。

（2）实际进场时间：　　年　　月；预计完工时间：　　年　　月；缺陷责任期　　个月。

（3）项目的节点工期（见附表2）。

4. 监理服务费用总额。

（1）本项目的监理服务费总额为 ____万元，其中有效合同价为____万元。

（2）计量与支付方式：

5. 影响项目成本要素分析。

从项目的道路条件、周边环境、质量、进度、控制工程、重大风险源、实施的时间、季节、气候等方面充分考虑。

三、资源配置

（一）项目人员进出场配置横道图（见附表3）。

（二）资产配置：计划最多配置___台车辆。

四、项目责任成本预算

1. 施工期（　　年　　月至　　年　　月）

进场至　　年　　月责任成本预算=___年度___万元+

___年度___万元+___年度___万元+___年度___万元=____

___万元，占有效合同价___万元的____%，占合同价___万元的____%。

2. 缺陷责任期（　　年　　月至　　年　　月）

缺陷责任期责任成本预算为_____万元，占有效合同价___万元的___%，占合同价___万元的____%。

附表：

1.《××××项目责任成本预算》报审表

2. 项目节点工期

3. 人员进出场配置横道图

4. 建点临时设施费

5. 人力成本费
6. 伙食管理费
7. 办公用品及物料消耗费
8. 水电气费
9. 通信费
10. 员工交通费
11. 交通工具使用费
12. 住宿费
13. 图书资料费
14. 业务招待与误餐费
15. 设施设备维修费
16. 安全生产费（包括意外伤害保险费、职业健康费、劳保用品费、员工培训费）
17. 其他费[包含委外试验费、专家咨询费、仪器设备标定费、试验室母体授权费、其他（如搬运费）等]
18. 项目责任成本预算汇总表

监理机构（公章）：

年　月　日

附表1：

《××××项目责任成本预算》报审表

<table>
<tr><td>项目名称</td><td></td></tr>
<tr><td colspan="2">现按《项目责任成本暂行管理办法》的规定，上报《____项目责任成本策划书》，责任成本总额为___万元，占项目有效合同价款___万元的____%，占项目合同价款万元的____%。请予审批！
附件：《____项目责任成本策划书》

项目负责人（签字、公章）：
日期：</td></tr>
</table>

附表 2：

×××项目工程节点工期

序号	部门	起止里程	工作内容	起止里程	长度/km	开始时间	结束时间	人员配置
1	监理×组	DK××+××~DK××+××	路基					
2	监理×组	DK××+××~DK××+××	××特大桥					
			××特大桥					
			××大桥					
			××特大桥					
3	监理×组	DK××+××~DK××+××	×××车站					
			××隧道					
			站后工程					

附表 3：

×××号线工程×××标段项目人员进出场配置横道图

序号	部门	工点	岗位	2017 年 12 月		2018 年													2019 年													2020 年													2021 年 1 月~3 月				缺陷责任期	
				12	小计	1	2	3	4	5	6	7	8	9	10	11	12	小计	1	2	3	4	5	6	7	8	9	10	11	12	小计	1	2	3	4	5	6	7	8	9	10	11	12	小计	1	2	3	小计	2021.4-2023.3	小计
1	监理部		总监	1	1	1	1	1	1	1	1	1	1	1	1	1	1	12	1	1	1	1	1	1	1	1	1	1	1	1	12	1	1	1	1	1	1	1	1	1	1	1	1	12	1	1	1	3		
2	监理部		副总监							1	1	1	1	1	1	1	1	8	1	1	1	1	1	1	1	1	1	1	1	1	12	1	1	1	1	1	1	1	1	1	1	1	1	12						
3	监理部		三级副总监									1	1	1	1	1	1	6																																
4	监理部		试验专监	1	1	1	1	1	1	1	1	1	1	1	1	1	1	12	1	1	1	1	1	1	1	1	1	1	1	1	12	1	1	1	1	1	1	1	1	1	1	1	1	12	1	1	1	3		
5	监理部		测量专监					1	1	1	1	1	1	1	1	1	1	10	1	1	1	1	1	1	1	1	1	1	1	1	12	1	1	1	1	1	1	1	1					8						
6	监理部		防水兼环水保专监			1	1	1	1	1	1	1	1	1	1	1	1	12	1	1	1	1	1	1	1	1	1	1	1	1	12	1	1	1	1	1	1	1	1					8						
7	监理部		计量专监	1	1	1	1	1	1	1	1	1	1	1	1	1	1	12	1	1	1	1	1	1	1	1	1	1	1	1	12	1	1	1	1	1	1	1	1	1	1	1	1	12	1	1	1	3	12	12
8	监理部		办公室副主任			1	1	1	1	1	1	1	1	1	1	1	1	12	1	1	1	1	1	1	1	1	1	1	1	1	12	1	1	1	1	1	1	1	1	1	1	1	1	12	1	1	1	3	6	6
9	监理1组+监理3组		总监代表	1	1	1	1	1	1	1	1	1	1	1	1	1	1	12	1	1	1	1	1	1	1	1	1	1	1	1	12	1	1	1	1	1	1	1	1	1	1	1	1	12						
10	监理1组+监理3组		安全专监	1	1	1	1	1	1	1	1	1	1	1	1	1	1	12	1	1	1	1	1	1	1	1	1	1	1	1	12	1	1	1	1	1	1	1	1	1	1	1	1	12						
11	监理1组+监理3组	××站	二级专监	1	1	1	1	1	1	1	1	1	1	1	1	1	1	12	1	1	1	1	1	1	1	1	1	1	1	1	12	1	1	1	1	1								5						
12	监理1组+监理3组	××站	一级监理员									1	1	1	1	1	1	6																																
13	监理1组+监理3组	××站	二级监理员	1	1	1	1	1	1	1	1	1	1	1	1	1	1	12	1	1	1	1	1	1	1	1	1	1	1	1	12	1	1	1	1	1	1	1	1	1	1	1	1	12	1	1	1	3	6	6
14	监理1组+监理3组	××盾构区间	一级专监																					1	1	1	1	1	1	1	7	1	1	1	1	1	1	1	1	1				9						
15	监理1组+监理3组	××盾构区间	三级专监																						1	1	1	1	1	1	6	1	1	1	1	1	1	1	1	1	1	1		11						
16	监理1组+监理3组	××盾构区间	一级监理员																						1	1	1	1	1	1	6	1	1	1	1	1	1	1	1	1	1	1		11						
17	监理1组+监理3组	××盾构区间	二级监理员																					1	2	2	2	2	2	2	13	2	2	2	2	2	2	2	2	2	1	1		20						
18	监理1组+监理3组	××盾构区间	三级监理员																					1	1	1	1	1	1	1	7	1	1	1	1	1	1	1	1	1				9						
19	监理1组+监理3组	××盾构区间	一级专监																				1	1	1	1	1	1	1	1	8	1	1	1	1	1	1	1						7						
20	监理1组+监理3组	××盾构区间	三级专监																					1	1	1	1	1	1	1	7	1	1	1	1	1	1	1	1	1	1	1		11						
21	监理1组+监理3组	××盾构区间	一级监理员																					1	1	1	1	1	1	1	7	1	1	1	1	1	1	1	1	1	1	1		11						
22	监理1组+监理3组	××盾构区间	二级监理员																				1	2	2	2	2	2	2	2	15	2	2	2	2	2	2	2	2	2	1	1		20						
23	监理1组+监理3组	××盾构区间	三级监理员																				1	1	1	1	1	1	1	1	8	1	1	1	1	1	1	1						7						
24	监理2组	××站	总监代表	1	1	1	1	1	1	1	1	1	1	1	1	1	1	12	1	1	1	1	1	1	1	1	1	1	1	1	12	1	1	1	1	1	1	1	1	1	1	1	1	12	1	1	1	3	6	6
25	监理2组	××站	二级专监	1	1	1	1	1	1	1	1	1	1	1	1	1	1	12	1	1	1	1	1	1	1	1	1	1	1	1	12	1	1	1	1	1	1	1	1	1	1	1	1	12	1	1	1	3		
26	监理2组	××站	三级专监	1	1	1	1	1	1	1	1	1	1	1	1	1	1	12	1	1	1	1	1	1	1	1	1	1	1	1	12	1	1	1	1	1	1	1	1	1	1	1	1	12	1	1	1	3	6	6
27	监理2组	××站	一级监理员			1	1	1	1	1	1	2	2	2	2	2	2	18	1	1	1	1	1	1	1	1	1	1	1	1	12	1	1	1	1	1	1	1	1	1	1	1	1	12	1	1	1	3		
28	监理2组	××站	二级监理员			1	1	1	1	1	1	1	1	1	1	1	1	12	1	1	1	1	1	1	1	1	1	1	1	1	12	1	1	1	1	1	1	1	1	1	1	1	1	12	1	1	1	3	12	12
29	监理2组	××站	三级监理员			1	1	1	1	1	1	1	1	1	1	1	1	12	1	1	1	1	1	1	1	1	1	1	1	1	12	1	1	1	1	1	1	1	1	1				9						
30	后勤辅助人员		司机			1	1	1	1	1	1	1	1	1	1	1	1	12	1	1	1	1	1	1	1	1	1	1	1	1	12	1	1	1	1	1	1	1	1	1	1	1	1	12	1	1	1	3		
31	后勤辅助人员		厨师			1	1	1	1	1	1	1	1	1	1	1	1	12	1	1	1	1	1	1	1	1	1	1	1	1	12	1	1	1	1	1	1	1	1	1	1	1	1	12	1	1	1	3		
小计				10	10	17	17	18	18	19	19	22	22	22	22	22	22	240	19	19	19	19	22	28	31	31	31	31	31	31	312	31	31	31	31	31	30	30	28	26	21	21	15	326	12	12	12	36	48	48

附表 4：

建点临时设施费

房屋租赁（购置、搭建）费

序号	时间段	第 1 套			第 2 套			第…套			小计/万元	备注
		面积/m^2	月数	月租金/元	面积/m^2	月数	月租金/元	面积/m^2	月数	月租金/元		
1	××年×月~×月											
2	××年度											
3	××年度											
4	××年											
5	××年×月~××年×月											
6	缺陷责任期(××~××)											
合计											0.00	

设备（固定资产）购置费

序号	设备名称	数量/个	单价/(元/个)	小计/万元	序号	设备名称	数量/个	小计/万元	序号	设备名称	数量/个	单价/(元/个)	小计/万元
									合计				0.00

附表5：

人力成本费

序号	部门	职务	标准/[元/(人·月)]	施工期										缺陷责任期（××年×月~××年×月）		合计/万元	
				××年×月~×月		××年		××年		××年		××年×月~×月					
				人月数	小计/万元	人月数	小计/万元	人月数	小计/万元	人月数	小计/万元	人月数	小计/万元	人月数	小计/万元	总人月数	总计
1	监理部	岗位1															
2		岗位2															
3																	
4																	
5																	
6																	
7																	
8	中心试验室	岗位1															
9		岗位2															
10																	
11	监理×组	岗位1															
12		岗位2															
13																	
14																	

续表

序号	部门	职务	标准/[元/(人·月)]	施工期										缺陷责任期（××年×月~××年×月）		合计/万元	
				××年×月~×月		××年		××年		××年		××年×月~×月					
				人月数	小计/万元	人月数	小计/万元	人月数	小计/万元	人月数	小计/万元	人月数	小计/万元	人月数	小计/万元	总人月数	总计
15																	
16	监理×组	岗位1															
17		岗位2															
18																	
19																	
20																	
21	监理×组	岗位1															
22		岗位2															
23																	
24																	
25																	
26																	
27	辅助人员	岗位1															
28		岗位2															
29																	
30	小计																

附表6：

伙食管理费

序号	时间段	人月数	标准/[元/（人·月）]	小计/万元	备注
1	××年×月~×月				
2	××年度				
3	××年度				
4	××年度				
5	××年×月~×月				
6	缺陷责任期（××~××）				
合计					

附表 7：

办公用品及物料消耗费

序号	时间段	日常办公		办公及生活设施		标准化建设/万元	邮寄费		小计/万元	备注
		月数	标准/[元/（人·月）]	月数	标准/[元/（人·月）]		月数	标准/[元/（人·月）]		
1	××年×月~×月									
2	××年度									
3	××年度									
4	××年度									
5	××年×月~×月									
6	缺陷责任期（××~××）									
合计										

附表 8:

水、电、气费

序号	时间段	第 1 套		第 2 套		第 3 套		小计/万元	备注
		标准/（元/月）	月数	标准/（元/月）	月数	标准/（元/月）	月数		
1	××年×月~×月								
2	××年度								
3	××年度								
4	××年度								
5	××年×月~×月								
6	缺陷责任期（××~××）								
合计									

附表 9：

通信费

序号	部门	职务	标准/[元/(人·月)]	施工期										缺陷责任期（××年×月~××年×月）		合计/万元	
				××年×月~×月		××年		××年		××年		××年×月~×月					
				人月数	小计/万元	人月数	小计/万元	人月数	小计/万元	人月数	小计/万元	人月数	小计/万元	人月数	小计/万元	总人月数	总计
1	监理部	岗位 1															
2		岗位 2															
3																	
4																	
5																	
6																	
7																	
8	中心试验室	岗位 1															
9		岗位 2															
10																	
11	监理一组	岗位 1															
12		岗位 2															
13																	

续表

序号	部门	职务	标准/[元/(人·月)]	施工期										缺陷责任期（××年×月~××年×月）		合计/万元	
				××年×月~×月		××年		××年		××年		××年×月~×月					
				人月数	小计/万元	人月数	小计/万元	人月数	小计/万元	人月数	小计/万元	人月数	小计/万元	人月数	小计/万元	总人月数	总计
14																	
15																	
16	监理二组	岗位 1															
17		岗位 2															
18																	
19																	
20																	
21	监理三组	岗位 1															
22		岗位 2															
23																	
24																	
25																	
26																	
27	辅助人员	岗位 1															
28		岗位 2															
29																	
30	月度人月数																

附表10：

员工交通费

序号	时间段	次数	标准/（元/次）	小计/万元	备注
1	××年×月~×月				
2	××年度				
3	××年度				
4	××年度				
5	××年×月~×月				
6	缺陷责任期（××~××）				
合计					

注：主要包括项目部员工进场、休假交通费、员工参会、培训等交通费，项目员工×个月休假1次，一次往返按××元计算。

附表 11：

××年×月~×月车辆交通工具使用费（开工当年）

序号	车型	时间/月	租金/（元/月）	油费/（元/月）	车辆维修费/（元/月）	过路过桥停车费/（元/月）	保险费/（元/年）	合计（不含维修费）/万元
1	车辆 1							
2	车辆 2							
年度费用合计								

××年车辆交通工具使用费（开工第二年）

序号	车型	时间/月	租金/（元/月）	油费/（元/月）	车辆维修费/（元/月）	过路过桥停车费/（元/月）	保险费/（元/年）	合计（不含维修费）/万元
1	车辆 1							
2	车辆 2							
3								
4								
年度费用合计								

注：每年对应一张表格，请项目逐年填写。

附表 12：

住宿费

序号	时间段	项目人员			其他人员		小计/万元	备注
		人数	每次住宿天数	标准/（元/天）	住宿天数	标准/（元/天）		
1	××年×月~×月							
2	××年度							
3	××年度							
4	××年度							
5	××年×月~×月							
6	缺陷责任期（××~××）							
合计								

附表 13：

图书资料费

序号	时间段	月数	标准/（元/月）	小计/万元	备注
1	××年×月~×月				
2	××年度				
3	××年度				
4	××年度				
5	××年×月~×月				
6	缺陷责任期（××~××）				
合计					

附表 14：

业务招待费与误餐费

序号	时间段	月数	标准/（元/月）	小计/万元	备注
1	××年×月~×月				
2	××年度				
3	××年度				
4	××年度				
5	××年×月~×月				
6	缺陷责任期（××~××）				
合计					

附表 15：

设施设备维修费

序号	时间段	月数	标准/（元/月）	车辆维修费/万元	小计/万元	备注
1	××年×月~×月					
2	××年度					
3	××年度					
4	××年度					
5	××年×月~×月					
6	缺陷责任期（××~××）					
合计						

附表 16：

意外伤害保险费

序号	时间段	人数	标准/[元/（人·年）]	小计/万元	备注
1	××年×月~×月				
2	××年度				
3	××年度				
4	××年度				
5	××年×月~×月				
6	缺陷责任期（××~××）				
合计					

职业健康费

序号	时间段	人月数	标准/[元/（人·年）]	小计/万元	备注
1	××年×月~×月				
2	××年度				
3	××年度				
4	××年度				
5	××年×月~×月				
6	缺陷责任期（××~××）				
合计					

劳保费

序号	时间段	人月数	标准/[元/（人·年）]	小计/万元	备注
1	××年×月~×月				
2	××年度				
3	××年度				
4	××年度				
5	××年×月~×月				
6	缺陷责任期（××~××）				
合计					

员工培训费

序号	时间段	人数	标准/[元/（人·年）]	小计/万元	备注
1	××年×月~×月				
2	××年度				
3	××年度				
4	××年度				
5	××年×月~×月				
6	缺陷责任期（××~××）				
合计					

附表 17：

委外试验费

序号	时间段	母体授权费/万元	标定费/万元	委外试验费/万元	小计/万元	备注
1	××年×月~×月					
2	××年度					
3	××年度					
4	××年度					
5	××年×月~×月					
6	缺陷责任期（××~××）					
合计						

专家咨询费

序号	时间段	请专家次数	每人次付咨询费/元	每人次交通费、食宿费/元	小计/万元	备注
1	××年×月~×月					
2	××年度					
3	××年度					
4	××年度					
5	××年×月~×月					
6	缺陷责任期（××~××）					
合计						

其他费（如搬运费）

序号	时间段	合计/万元	备注
1	××年×月~×月		
2	××年度		
3	××年度		
4	××年度		
5	××年×月~×月		
6	缺陷责任期（××~××）		
合计			

附表 18：

项目责任成本预算汇总表

单位：万元

序号	成本费用细目名称	施工期责任成本						缺陷责任期成本		总百分比
		××年	××年	××年	××年	小计	占监理合同价的百分比	××年×月~××年×月	占监理合同价的百分比	
1	建点临时设施费	0.00	0.00	0.00	0.00	0.00				
	其中：房屋租赁费					0.00				
	设备购置费					0.00				
2	人力成本费					0.00				
3	伙食费					0.00				
4	办公用品及物料消耗费					0.00				
5	水电气费					0.00				
6	通信费					0.00				
7	员工交通费					0.00				
8	交通工具使用费	0.00	0.00	0.00	0.00	0.00				
	其中：汽车租赁费									
	燃油费					0.00				
	过路停洗车辆审验费					0.00				
	保险费					0.00				
9	住宿费					0.00				
10	图书资料费					0.00				
11	业务招待费与误餐费					0.00				
12	设施设备修理费	0.00	0.00	0.00	0.00	0.00				
	其中：车辆维修费					0.00				
	其他维修费					0.00				
13	安全生产费	0.00	0.00	0.00	0.00	0.00				
	其中：意外伤害保险费									

续表

序号	成本费用细目名称	施工期责任成本						缺陷责任期成本		总百分比
		××年	××年	××年	××年	小计	占监理合同价的百分比	××年×月~××年×月	占监理合同价的百分比	
	劳保费									
	职业健康费									
	员工培训费									
14	其他费用	0.00	0.00	0.00	0.00	0.00				
	其中：委外试验费					0.00				
	专家咨询费					0.00				
	设备标定					0.00				
	母体授权					0.00				
	其他					0.00				
分期（年度）小计		0.00	0.00	0.00	0.00	0.00				

45. 监理费开票

发票开具申请单

经办人(申请开票人):　　　　　　　　　　　　申请日期：　　年　　月　　日

<table>
<tr><td>开具发票类型</td><td colspan="8">1. 增值税普通发票（　　）　　2. 增值税专用发票（　　）</td></tr>
<tr><td rowspan="4">合同信息</td><td>合同编号</td><td colspan="7"></td></tr>
<tr><td>合同名称</td><td colspan="7"></td></tr>
<tr><td>项目立项名称</td><td colspan="4"></td><td colspan="2">工程类别</td><td></td></tr>
<tr><td>合同总额</td><td colspan="2">已开票金额</td><td colspan="2"></td><td colspan="2">已到款金额</td><td></td></tr>
<tr><td>开票单位</td><td>公司名称</td><td colspan="7"></td></tr>
<tr><td rowspan="4">基本信息</td><td>增值税纳税人类型</td><td colspan="7">1. 一般纳税人(　　)　2. 小规模纳税人(　　)
3. 非增值税纳税人（　　）</td></tr>
<tr><td>税务登记证号码（国税）</td><td colspan="7"></td></tr>
<tr><td>营业地址、电话</td><td colspan="7"></td></tr>
<tr><td>开户银行、账号</td><td colspan="7"></td></tr>
<tr><td rowspan="5">票面内容</td><td>开票内容</td><td colspan="7"></td></tr>
<tr><td>监理费所属期</td><td colspan="7">×年×月～×年×月监理费</td></tr>
<tr><td>开票金额（小写）</td><td colspan="7"></td></tr>
<tr><td>开票金额（大写）</td><td colspan="7"></td></tr>
<tr><td>发票号码（财务填写）</td><td colspan="7"></td></tr>
<tr><td>本次扣款情况</td><td>其中质保金（小写）</td><td></td><td colspan="2">其中扣预付款（如没有请填0）</td><td colspan="2"></td><td>其他扣款（罚款等）</td><td></td></tr>
<tr><td>本次到款金额</td><td colspan="4"></td><td colspan="2">本期计价金额</td><td colspan="2"></td></tr>
<tr><td>邮寄信息</td><td colspan="3"></td><td colspan="3">快递单号</td><td colspan="2"></td></tr>
<tr><td>项目总监意见</td><td colspan="8"></td></tr>
<tr><td>安全生产部意见</td><td colspan="8"></td></tr>
<tr><td>财务会计部意见</td><td colspan="8"></td></tr>
</table>

备注：1. 本表一式三份，经办人、生产部、财务部开票人各留一份。

2. 本表作为“双清”责任人认定依据。

3. 申请开票之前请一定与业主核对清楚开票信息及金额。

发票申请填写说明

1	经办人（申请开票人）	姓名（项目文书或项目总监）
2	开票金额 （小写，单位为元）	例：45,000,000.00 元
4	工程类别	例：市政，铁路，轨道交通
5	邮寄信息	项目收票地址，收件人姓名，电话
6	基本信息：①若开具增值税普通发票，则只需填对方公司名称及税号。②若业主要求开具增值税专用发票，右侧所有信息均需填列。	
7	标红栏内容必须完全正确填写（为确保开票公司名称和税号的准确性，请将对方税务登记证拍照或复印之后对照填写。）	

开具增值税专用发票所需资料

1	开票国税税务登记证（正副本均可）
2	开票公司盖有“增值税一般纳税人”印章的税务登记证复印件或《增值税一般纳税人资格认定书》复印件
3	开票公司银行开户许可证复印件
4	开票公司基本信息：公司名称，税务登记证号（纳税人识别号），地址、电话，开户行、账号

上述所有资料盖公章

50. 生产物资管理

车辆租赁申请表

编号：车辆租赁〔　〕×号

申请单位或项目			
拟租车辆型号		车牌号	
申请事由			
拟租车辆是否属公司员工或亲属车辆	是 □　　否 □		
拟租赁起止时间			
租赁金额/元			
申请单位负责人意见	年　月　日		
安全生产部意见	年　月　日		
公司领导审核/审批	年　月　日		

注：须附拟租车辆购车发票、购置税票、登记证书、行驶证、车辆保险单和车辆所有人身份证明等资料。

合同评审表

□初次评审　　　　□修订　　　　　　　　　　　　　　　编号：

<table>
<tr><td>申请部门</td><td></td><td>经办人</td><td></td></tr>
<tr><td>合同名称</td><td colspan="3"></td></tr>
<tr><td>对方名称</td><td></td><td>合同金额</td><td></td></tr>
<tr><td>合同基本内容</td><td colspan="3"></td></tr>
<tr><td colspan="4">申请部门意见</td></tr>
<tr><td>□法律合规部意见</td><td colspan="3"></td></tr>
<tr><td>□综合办公室意见</td><td colspan="3"></td></tr>
<tr><td>□成本管理部意见</td><td colspan="3"></td></tr>
<tr><td>□安全生产部意见</td><td colspan="3"></td></tr>
<tr><td>□财务会计部意见</td><td colspan="3"></td></tr>
<tr><td>□人力资源部意见</td><td colspan="3"></td></tr>
<tr><td>□经营开发部意见</td><td colspan="3"></td></tr>
<tr><td>□党委工作部(工会办公室、团委办公室)</td><td colspan="3"></td></tr>
<tr><td>□纪委办公室（审计部、监察部）</td><td colspan="3"></td></tr>
<tr><td>□分管领导意见</td><td colspan="3"></td></tr>
<tr><td>□主管领导意见</td><td colspan="3"></td></tr>
</table>

注：1. 此表适用于合同签订前评审、合同修订评审。

2. 合同基本内容（含）以上部分由申请部门填写，以下部分由评审部门填写，各类合同应参评部门由申请部门根据合同涉及内容自行选定，在参审部门前采用打印方式标注“√”。

3. 本表作为合同档案，与合同资料一并保存。

项目临时设施设备配置申请表

编号：项目临时设施设备　　号

配置依据和理由	1. 公司技术部批复的《××项目监理实施规划》明示的主要方案。 2. 填建设单位的要求、公司主要领导的现场调研决定以及项目监理工作需求等
拟实际配置方案	1. 办公生活用房配置：含租赁起止时间或自建房地点/区域、面积、单点住宿人员数量、水电暖气、物业管理费、使用功能以及是否需要装修等。 2. 临时仪器设备配置：租赁仪器设备规格、数量等。 以上方案，可形成附表1示明
配置费用估算	本次临时设施设备配置所需总费用估算元（费用清单见附表2）。（租赁临时设备设施时该费用为项目监理机构取得临时设备设施使用权所支付总费用）
申请项目总监意见	签　名：　　　　　年　月　日
安全生产部审核意见	签　名：　　　　　年　月　日
公司领导审核/审批	年　月　日

附表 1

××项目临时设施设备拟配方案表

序号	临时设施设备名称、性能及辅助设备配置情况	使用地点	单位	数量	使用功能与规模
1					
2					
…					
项目总监意见： 签　名：　　　　年　月　日					

附表 2

××项目临时设施设备拟配费用估算表

序号	临时设施设备或费用名称	单价	起止时间、使用年限/年	合同期费用/元	配置方式
1					
2					
…					
备注	配置方式指租赁或购置或自建等				
项目总监意见： 签　名：　　　　　　年　月　日					

固定资产购置申请表

<table>
<tr><td>申请单位</td><td colspan="2">（加盖公章）</td><td colspan="3">申请时间</td><td colspan="2"></td></tr>
<tr><td colspan="8">申请购置的固定资产</td></tr>
<tr><td>序号</td><td>名称</td><td>型号规格</td><td>生产厂家</td><td>数量</td><td>调查单价</td><td>合价</td><td>备注</td></tr>
<tr><td></td><td></td><td></td><td></td><td></td><td></td><td></td><td></td></tr>
<tr><td></td><td></td><td></td><td></td><td></td><td></td><td></td><td></td></tr>
<tr><td></td><td></td><td></td><td></td><td></td><td></td><td></td><td></td></tr>
<tr><td></td><td></td><td></td><td></td><td></td><td></td><td></td><td></td></tr>
<tr><td>合计金额</td><td colspan="7"></td></tr>
<tr><td colspan="8">申请理由：
（并说明现有同类资源配置情况）

项目负责人签字：</td></tr>
<tr><td>安全生产部意见</td><td colspan="7"></td></tr>
<tr><td>成本管理部意见</td><td colspan="7"></td></tr>
<tr><td>公司领导审核/审批</td><td colspan="7"></td></tr>
</table>

固定资产管理台账

单位名称：

序号	设备编号	设备名称	规格型号	原价/元	购买日期	折旧年限	使用单位	保管人

填报人：　　　　　　　　负责人：　　　　　　　　日期：

固定资产登记卡片

单位名称：　　　　　　　　　　　　　类别　　　　　　　　　　　　组别

固定资产名称			卡片号				
固定资产编号							
计量单位							
数量							
价值	原价		原价其中	建造费	运杂费	安装费	基础费
	已提折旧						
	净值						
	减值准备						
	净额						
保管及使用单位			主要规格及技术特征	型号			保管人
所在地				规格			
建造单位				重量			
建造年月				外形尺寸			
出厂编号				复杂系数			
交付使用日期				结构			
预计使用年限				层数			
预计清理净残值				建筑面积			
尚可使用年限				有效面积			
折旧率							
投资款源							
预算价值						年　月　日	

××× 项目固定资产盘点表

序号	固资名称	固资编号	规格型号	类别	购置时间	使用年限	原值	性能状况	账存数	实存数	盘亏/盘盈	调拨项目	备注

项目名称：（加盖公章）　　编报人：　　项目负责人：　　日期：

新建（自制）固定资产验收交接记录表

单位名称＿＿＿＿＿＿＿＿＿＿＿＿＿＿＿＿＿＿　　　　第　　号

<table>
<tr><td>移交单位</td><td colspan="6"></td><td colspan="2">接收单位</td><td colspan="4"></td></tr>
<tr><td>固定资产编号</td><td colspan="6"></td><td colspan="6">固定资产组成</td></tr>
<tr><td>固定资产名</td><td></td><td>计量单位</td><td></td><td>数量</td><td></td><td></td><td>名称</td><td>型号规格</td><td>建造工厂建造编号</td><td>数量</td><td>原价</td><td>单价</td></tr>
<tr><td rowspan="2">建造单位</td><td rowspan="2"></td><td rowspan="2">建造</td><td>年月</td><td></td><td>合同号</td><td></td><td rowspan="2"></td><td rowspan="2"></td><td rowspan="2"></td><td rowspan="2"></td><td rowspan="2"></td><td rowspan="2"></td></tr>
<tr><td>编号</td><td></td><td colspan="2"></td></tr>
<tr><td>主要规格
及型号</td><td colspan="12"></td></tr>
<tr><td>技术特征</td><td colspan="12"></td></tr>
<tr><td rowspan="2">原价</td><td rowspan="2" colspan="2"></td><td rowspan="2" colspan="2">其中</td><td colspan="2">建造费</td><td colspan="2">设备费</td><td colspan="2">安装费</td><td colspan="2">基础费</td></tr>
<tr><td colspan="2"></td><td colspan="2"></td><td colspan="2"></td><td colspan="2"></td></tr>
<tr><td>保管使用单位</td><td colspan="7"></td><td colspan="3">预计清理净残值</td><td colspan="2"></td></tr>
<tr><td rowspan="3">验收意见</td><td rowspan="3" colspan="7"></td><td colspan="5">附属技术资料</td></tr>
<tr><td colspan="5"></td></tr>
<tr><td colspan="5"></td></tr>
<tr><td rowspan="2">验收人员签章</td><td rowspan="2" colspan="7"></td><td colspan="5"></td></tr>
<tr><td colspan="5"></td></tr>
<tr><td>验收日期</td><td colspan="2"></td><td colspan="3">预算价值</td><td colspan="2"></td><td colspan="3">投资款源</td><td colspan="2"></td></tr>
</table>

移交单位：　　　　公章　　　　　　　　　　接收单位：　　公章

负责人：　　　　　　　　　　　　　　　　　负责人：

　　　　　　　　年　　月　　日　　　　　　　　　　　　年　　月　　日

固定资产移交接收记录表

经研究决定，将下列固定资产由 ___（调出单位）___ 移交与 ___（接收单位）___ 接收使用和保管。

列账年月：__________

固定资产编号	名称	规格型号	计量单位	数量	原价	主要附属产品	备注

调出单位负责人：（公章）

经办人：

年 月 日

调入单位负责人：（公章）

经办人：

年 月 日

安全生产部负责人：（公章）

年 月 日

固定资产报废申请表

〔20 〕第 号

<table>
<tr><td>设备编号</td><td></td><td>设备名称</td><td colspan="3"></td></tr>
<tr><td>型号规格</td><td></td><td>生产厂家</td><td colspan="3"></td></tr>
<tr><td>购入日期</td><td></td><td>单 价</td><td></td><td>已用年限</td><td></td></tr>
<tr><td>折旧年限</td><td></td><td>已提折旧</td><td></td><td>净残值</td><td></td></tr>
<tr><td>主要附件</td><td colspan="5"></td></tr>
<tr><td rowspan="2">处理意见</td><td colspan="5"></td></tr>
<tr><td>评估单位</td><td colspan="4">（需要时填写）</td></tr>
<tr><td rowspan="3">审批意见</td><td>相关职能部门意见</td><td colspan="4"></td></tr>
<tr><td>分管领导</td><td colspan="4"></td></tr>
<tr><td>总经理或董事长</td><td colspan="4"></td></tr>
</table>

申请单位： 负责人： 经办人： 日期：

固定资产盘盈、盘亏申请表

<table>
<tr><td colspan="4">时间：　　年　　月　　日　　　　　　　　　　编号：</td></tr>
<tr><td>资产名称
及卡片编号</td><td></td><td>资产规格型号</td><td></td></tr>
<tr><td>计量单位及数量</td><td></td><td>所在地点</td><td></td></tr>
<tr><td>原值评估值</td><td></td><td>折旧年限</td><td></td></tr>
<tr><td>已提折旧</td><td></td><td>开始使用日期</td><td></td></tr>
<tr><td>净值（折旧值）</td><td></td><td>实际使用年限</td><td></td></tr>
<tr><td>盘盈盘亏原因：</td><td colspan="3">使用部门：　　　　　　　年　　月　　日</td></tr>
<tr><td>安全生产部意见</td><td colspan="3">年　　月　　日</td></tr>
<tr><td>财务会计部意见</td><td colspan="3">年　　月　　日</td></tr>
<tr><td>分管领导意见</td><td colspan="3">年　　月　　日</td></tr>
<tr><td>主管领导意见</td><td colspan="3">年　　月　　日</td></tr>
</table>

注：本表一式三份，审批后，使用部门一份，安全生产部一份，财务会计部一份。

51. 办公用品购置申请

项目办公用品采购计划表

（　　年　月）

采购项目：　　　　　　（章）

序号	商品名称	数量	单价	总价
合　计：				
总金额（大写）：				
安全生产部审核意见				
公司领导审核/审批				

制表：　　　　　　复核：　　　　　　审批：

线下采购申请单

申请部门：　　　　　　　　　　　　　　年　　月　　日

<table>
<tr><td>商品名称</td><td></td><td>商品型号</td><td></td></tr>
<tr><td>商品单价/元</td><td></td><td>采购数量</td><td></td></tr>
<tr><td>商品总价/元</td><td></td><td>经办人</td><td></td></tr>
<tr><td>申请线下
采购理由</td><td colspan="3"></td></tr>
<tr><td>动态竞价或询价比选</td><td colspan="3">拟采购方式：□动态竞价　　□询价比选
参与报价供应商及价格：
1.________________________；
2.________________________；
3.________________________。
结果：</td></tr>
<tr><td>部门审批</td><td colspan="3"></td></tr>
<tr><td>公司领导
审核/审批</td><td colspan="3"></td></tr>
</table>

线下采购清单

序号	商品名称	单价	数量	总价	备注

制表： 批准：

60. 设备修理申请表

本部或××项目监理机构车辆维修保养申请表

<table>
<tr><td>车辆名称</td><td></td><td>牌照号</td><td></td><td>申请时间</td><td></td></tr>
<tr><td colspan="6">车辆故障情况说明：</td></tr>
<tr><td colspan="6">修保养项目及估价</td></tr>
<tr><td>序号</td><td colspan="3">维修保养项目</td><td colspan="2">估价/元</td></tr>
<tr><td></td><td colspan="3"></td><td colspan="2"></td></tr>
<tr><td></td><td colspan="3">小　　计</td><td colspan="2"></td></tr>
<tr><td colspan="6">项目监理机构车辆管理部门意见：</td></tr>
<tr><td colspan="6">项目监理机构负责人审核：</td></tr>
<tr><td colspan="6">公司审批：</td></tr>
<tr><td colspan="6">公司备案：</td></tr>
</table>

61. 难、重、新技术及特殊工程技术培训申请

________年项目监理机构技术培训计划表

监理机构：（盖章） 填报日期： 年 月 日

序号	培训对象	培训内容	参加人数	举办时间	培训地点	是否需公司组织培训

监理机构负责人：

65. 项目人员调出申请

项目人员调出申请

申请项目：

人员姓名		现任岗位	
技术职称		学历	
毕业学校		专业	
出生日期		年龄	
家庭住址		联系电话	
现行薪酬标准			
申请调出原因			
项目负责人审核	（包含：是否推荐任职，推荐项目，推荐岗位，身体状况，工作评价等） 签字： 年 月 日		
人力资源部意见	签字： 年 月 日		
分管领导意见	签字： 年 月 日		

75. 双清工作（清收工作）

清收基础表

序号	项目名称	项目负责人（总监）		项目进展情况	合同价值/万元	季初开累情况					本季度清收计划（计价计划）								备注（说明清收率较差原因）
		姓名	联系电话			开累计量/元	开累到款/元	开累质保金/元	本年预计计价金额/元	本年预计新增质保金金额/元	合计		第一个月		第二个月		第三个月		
											计价款	其中质保金	计价款/元	其中质保金/元	计价款/元	其中质保金/元	计价款/元	其中质保金/元	
栏次	1	2	3	4	5	6	7	8	9	10	11=13+15+17	12=14+16+18	13	14	15	16	17	18	19

说明：1. 清收工作指清理项目未获得验工计价的情况，获得计量确认债权；本季清收计划指计划发生在本季度内验工计量数。

2. 对完工项目，若过程中换有多个总监，由最后一个总监负责填报本表。

3. “项目进展情况”填如：完工未结算、完工百分比等。

4. 各项目应在每季度第一个月 5 日之前上报下季度清收计划。

76. 双清工作（清欠工作）

清欠基础表

序号	项目名称	项目负责人（总监）		项目进展情况	合同价值/万元	债务单位			债权性质	季初情况			季初清欠余额	本季度清欠计划（回款计划）					索赔情况		备注（说明清欠率较差原因）
		姓名	联系电话			名称	联系人	联系人电话		开累计量/元	开累到款/元	质保金/元	金额	合计	第一个月/元	第二个月/元	第三个月/元	付款条件：说明预付款、结算款、销售款、质保金、保证金等的付款条件、比例、时间等约定条款	是否可索赔（是或否）	索赔条件	
栏次	1	2	3	4	5	6	7	8	9	10	11	12	13	14=15+16+17	15	16	17	18	19	20	21
														—							
														—							
														—							

说明：1. 清欠工作指清理已经确认债权的应收款项收回的情况；季初清欠余额是季初项目已验工计量但尚未到款金额；本季清欠计划指计划本季度发生的款项收回计划。

2. 对完工项目，若过程中换有多个总监，由最后一个总监负责填报本表。

3. “项目进展情况”填如：完工未结算、完工百分比等；“债权性质”填如：监理费、质保金等。

4. 各项目应在每季度第一个月 5 日之前上报下季度清欠计划。

参考文献

[1] 中华人民共和国住房和城乡建设部. 给水排水管道工程施工及验收规范：GB50268—2008 [S]. 北京：中国建筑工业出版社，2009.

[2] 中华人民共和国住房和城乡建设部. 建筑工程施工质量验收统一标准：GB50300—2013 [S]. 北京：中国建筑工业出版社，2014.

[3] 中华人民共和国住房和城乡建设部. 建设工程监理规范：GB50319—2013 [S]. 北京：中国建筑工业出版社，2013.

[4] 中华人民共和国交通运输部. 公路工程施工监理规范：JTG G10—2016 [S]. 北京：人民交通出版社，2016.

[5] 国家铁路局. 铁路建设工程监理规范：TB 10402—2019 [S]. 北京：中国铁道出版社，2019.

[6] 国家铁路局. 铁路轨道工程施工质量验收标准：TB 10413—2018 [S]. 北京：中国铁道出版社，2019.

[7] 国家铁路局. 铁路路基工程施工质量验收标准：TB 10414—2018 [S]. 北京：中国铁道出版社，2019.

[8] 国家铁路局. 铁路桥涵工程施工质量验收标准：TB 10415—2018 [S] .北京：中国铁道出版社，2019.

[9] 国家铁路局. 铁路隧道工程施工质量验收标准：TB 10417—2018 [S]. 北京：中国铁道出版社，2019.

[10] 国家铁路局. 铁路通信工程施工质量验收标准：TB 10418—2018 [S]. 北京：中国铁道出版社，2019.

[11] 国家铁路局. 铁路信号工程施工质量验收标准：TB 10419—2018 [S]. 北京：中国铁道出版社，2019.

[12] 国家铁路局. 铁路电力工程施工质量验收标准：TB 10420—2018 [S]. 北京：中国铁道出版社，2019.

[13] 国家铁路局. 铁路电力牵引供电工程施工质量验收标准：TB 10421—2018 [S]. 北京：中国铁道出版社，2019.

[14] 国家铁路局. 铁路给水排水工程施工质量验收标准：TB 10422—2011 [S]. 北京：中国铁道出版社，2011.

[15] 国家铁路局. 铁路站场工程施工质量验收标准：TB 10423—2014 [S]. 北

京：中国铁道出版社，2014.
[16] 国家铁路局. 铁路混凝土工程施工质量验收标准：TB 10424—2018 [S]. 北京：中国铁道出版社，2019.
[17] 国家铁路局. 铁路声屏障工程施工质量验收标准：TB 10428—2012 [S]. 北京：中国铁道出版社，2012.
[18] 国家铁路局. 高速铁路路基工程施工质量验收标准：TB 10751—2018 [S]. 北京：中国铁道出版社，2019.
[19] 国家铁路局. 高速铁路桥涵工程施工质量验收标准：TB 10752—2018 [S]. 北京：中国铁道出版社，2019.
[20] 国家铁路局. 高速铁路隧道工程施工质量验收标准：TB 10753—2018 [S]. 北京：中国铁道出版社，2019.
[21] 中华人民共和国住房和城乡建设部. 混凝土结构工程施工质量验收规范：GB50204—2015 [S]. 北京：中国建筑工业出版社，2015.
[22] 中华人民共和国住房和城乡建设部. 钢结构工程施工质量验收标准：GB 50205—2020[S]. 北京：中国建筑工业出版社，2020.
[23] 中华人民共和国住房和城乡建设部. 建筑地基基础工程施工质量验收规范：GB 50202—2018 [S]. 北京：中国建筑工业出版社，2018.
[24] 中华人民共和国住房和城乡建设部. 地下铁道工程施工及验收标准：GB 50299—2018 [S]. 北京：中国建筑工业出版社，2018.
[25] 中华人民共和国住房和城乡建设部.建筑基坑支护技术规程：JGJ120—2012 [S]. 北京：中国建筑工业出版社，2012.
[26] 中华人民共和国住房和城乡建设部. 屋面工程质量验收规范：GB50207—2012 [S]. 北京：中国建筑工业出版社，2012.
[27] 中华人民共和国住房和城乡建设部. 通风与空调工程施工质量验收规范：GB50243—2016 [S]. 北京：中国建筑工业出版社，2017.
[28] 中华人民共和国住房和城乡建设部. 城市轨道交通地下工程建设风险管理规范：GB 50652—2011 [S]. 北京：中国建筑工业出版社，2012.
[29] 中华人民共和国交通运输部. 公路工程质量检验评定标准（土建工程）：JTG F80/1—2017 [S]. 北京：人民交通出版社，2018.
[30] 中华人民共和国交通运输部. 公路工程质量检验评定标准：第二册机电工程 JTG 2182—2020 [S]. 北京：人民交通出版社，2020.
[31] 中华人民共和国住房和城乡建设部. 建筑电气工程施工质量验收规范：GB50303—2015 [S]. 北京：中国建筑工业出版社，2016.
[32] 中华人民共和国住房和城乡建设部. 砌体结构工程施工质量验收规范：

GB50203—2011 [S]. 北京：中国建筑工业出版社，2012.
[33] 中华人民共和国住房和城乡建设部. 地下防水工程质量验收规范：GB50208—2011 [S]. 北京：中国建筑工业出版社，2012.
[34] 中华人民共和国住房和城乡建设部. 建筑地面工程施工质量验收规范：GB50209—2010 [S]. 北京：中国建筑工业出版社，2010.
[35] 中华人民共和国住房和城乡建设部. 建筑给水排水及采暖工程施工质量验收规范：GB50242—2016 [S]. 北京：中国建筑工业出版社，2016.
[36] 中华人民共和国住房和城乡建设部. 屋面工程质量验收规范：GB50207—2012 [S]. 北京：中国建筑工业出版社，2012.
[37] 中华人民共和国住房和城乡建设部. 通风与空调工程施工质量验收规范：GB50243—2016 [S]. 北京：中国建筑工业出版社，2017.
[38] 邱菀华，等. 现代项目管理导论[M]. 北京：机械工业出版社. 2009.
[39] 丁贵荣，杨乃定. 项目组织与团队[M]. 北京：机械工业出版社，2011.
[40] 陆东福. 铁路建设项目管理[M]. 北京：中国铁道出版社，2004.
[41] 周三多，陈传明，鲁明弘. 管理学[M]. 上海：复旦大学出版社，2008.
[42] 白思俊，等. 现代项目管理概论[M]. 北京：电子工业出版社，2010.
[43] 汪小金. 项目管理方法论[M]. 北京：人民出版社，2011.
[44] 何清华. 项目管理[M]. 上海：同济大学出版社，2011.